香港珠海學院
新動力・新金融

數據分析與金融建模

劉曉全、孔笑微、張俊喜 著

中華書局　香港管理學院出版社

目錄

作者的話

西諺有云「凡走過必留下痕跡」，人類以收集和分析數據作為理解自然與社會的手段，自文明歷史以來源遠流長。在近代科學革命之後，數據的獲取與處理技術突飛猛進，在方法論意義上，實證科學成為認識與改造世界的最強大工具之一。人類的經濟領域是對數據分析最依賴的社會科學，不同於自然科學在實驗室受控環境中獲得可重複、可檢驗的實驗數據，經濟數據具有被動性、時效性、低識別度和複雜性的特點，對分析方法的要求極高，而經濟價值又巨大，特別是現代金融市場出現之後，海量、高頻率、連續、多維結構化的市場信息流，直接促成了對金融理論顛覆性的變革和衝擊。

數據驅動的深度研究伴隨現代金融理論體系的誕生而興起，自從馬科維茨（Markowitz）於二十世紀五十年代提出資產組合理論開始，到里程碑式的布萊克－斯科爾斯期權定價模型（Black-Scholes Option Pricing Model）金融數據哺育下的實證研究，尤其是統計計量方法和隨機分析方法，逐漸形成為基於金融數據的系統性量化方法論。進入二十一世紀，信息技術革命突破新階段，人工智能與金融科技蓬勃發展，海量而多維的金融數據為以統計為基礎的人工智能展開了巨大施展空間，神經網絡、機器學習、深度學習方法在金融數據分析中立刻找到理論立足點和隨之而來的廣泛應用。

二十一世紀的全球金融格局，一方面迎接以人工智能、區塊鏈等技術為代表的新信息革命帶來的巨大機遇，另一方面正在應對全球政治經濟地緣性矛盾爆發利益格局調整的巨大內生風險。在 2024 年中國省級主要領導幹部推動金融高質量發展專題研討班開班式上，總書記指出「金融強國應當基於強大的經濟基礎，具有領先世界的經濟實力、科技實力和綜合國力，同時具備一系列關鍵核心金融要素」，為當下中國金融應對挑戰的大方案奠定了基調。以香港、深圳為核心的大灣區，在金融市場發展與新科創產業兩方面，都堪稱中國積累最深厚、優勢最突出的地區，理應持續培養和輸送新一代兼備金融理論和實踐技術、掌握全球視野和中國優勢的特色人才。《數據分析與金融建模》是香港珠海學院商學院「新動力、新金融」叢書的第一本，是香港第一本針對高校專業型授課研究生、大學經濟金融類高年級學生或同等學歷的讀者，以中文編寫的金融數據建模參考書和學術著作。我們寫作和出版本書的目的是希望在經典金融數據建模理論的基礎上，更偏應用性地關注數據的分析和應用，以達到激發讀者興趣和動手實驗，理論結合實踐的效果。本書既涵蓋了均值方差模型、資本資產定價模型、多因子模型、時間序列和波動性模型等經典內容，也歸納了機器學習和深度學習在金融建模中的前沿學術發展和最新應用，並且探索了生成式人工神經網絡在處理實證資產定價方面的應用案例。

本書的另一個重要特點，考慮到香港作為人民幣國際離岸交易中心的實際需求，將用於香港本地實際操作練習的案例和數據，大部分使用中國地區 A 股或港股數據，或者部分使用其他亞洲地區與國家數據，而不像香港類似教學內容或參考書籍目前常規採用的，以美股數據為主進行教學練習。這種做法的目的是便於讀者在使用本書的過程中，直接運用代碼和數據進行人民幣資產的投資管理實踐或者實證定價研究。

本書的案例與習題代碼以 Python 語言寫成，這是考慮到 Python 在金融業界的使用日益普遍，逐漸成為主流的金融應用計算機語言。本書例題和習題數據，由希施瑪金融科技公司（CSMAR）提供，它是中國金融市場數據知名的數據供應商，也是珠海學院商學院以及金融創新實驗室的戰略合作夥伴，例題的代碼和樣本數據我們將在出版後一定年限內提供讀者免費下載。

本書單列了名詞索引，方便讀者查閱，索引部分的編輯者為香港珠海學院商學院金融創新實驗室研究助理趙嘉惠女士。

本書能順利成書和出版，首先鳴謝香港珠海學院、香港中華書局的大力資助和支持，香港管理學院、上海財經大學、希施瑪數據科技公司也在成書過程中對作者提供了重要協助，在此誠懇致謝。本書錯誤與疏漏由作者負責，希望讀者在閱讀過程中有所收穫，歡迎提出批評建議和反饋，以學術會友，乃是作者最重要的初衷。

第一章

概述

在社會科學與經濟和金融的研究和實踐領域，數據驅動（Data Driven）的研究以及敘事性（Narrative）的研究，都具有重要的研究意義。經濟環境是由社會主體所構成的，敘事性的研究一直是社會科學的研究典範之一，事實上文字本身就是人類文化和智慧的投射，文字性的敘事研究具有社會語言的共通性。而數據驅動型的研究，則是從數據觀測到實證檢驗，結合理論分析的主流科學研究範式，對經濟和金融領域的融入也可以提高經濟與金融研究的科學性。本書以介紹數據分析和經典的金融建模作為主要內容，我們希望秉持着：既關注對數據驅動的實證湧現，也關注對人類金融行為和信念的觀察所形成的理論模型。

數據應用

在金融建模的基礎上，本書更重要的是關注數據的分析與應用。我們使用相對經典的金融建模內容，從均值方差模型、資本資產定價模型、多因子模型、再到時間序列和波動性的模型，這部分與香港高校已經在使用的金融建模的教學參考書籍是類似的。

我們將用於香港的教學案例和數據都使用中國 A 股、港股或部分使用亞洲地區國家數據的方式，而不是香港地區的教學內容或參考書籍常規使用的以美股數據為主的方式。便於讀者在使用本書的過程中，可以直接運用代碼和數據進行人民幣資產的投資管理實踐或實證定價研究。

事實上，相較於中國實體經濟的比重，人民幣計價的金融資產的境外持有比例是嚴重偏低的。

根據中國人民銀行公開數據，2022 年資本項目人民幣跨境收付金額合計為 31.7 萬億元，同比增長 10.4%。其中，收入 15 萬億元，同比增長 0.5%；支出 16.7 萬億元，同比增長 21%；直接投資、證券投資、跨境融資收付金額分別佔資本項目收付金額的 20.4%、74.5% 和 3.1%。2023 年 1 月至 9 月，資本項目人民幣跨境收付金額合計為 28.8 萬億元，同比增長 19.8%。我們可以觀察到包括股票和債券在內的證券投資是資本項目收付中佔比最高的部分。

境外機構投資持有人民幣資產的分佈情況

單位：億 / 人民幣	2021 年 12 月	2022 年 3 月	2022 年 6 月	2022 年 9 月	2022 年 12 月
股票	39,419.9	31,860.4	35,741.6	30,285.4	31,959.9
債券	40,904.5	39,586.8	36,453.1	34,770.7	34,582.4
證券投資合計	80,324.4	71,447.2	72,194.7	65,056.1	66,542.3
貸款	11,372.3	11,896.3	11,731.8	11,531.4	12,223.7
存款	16,600.2	14,719.4	16,727.3	18,535.3	17,418.2
持有存貸款合計	27,972.5	26,615.7	28,459.1	30,066.7	29,641.9
證券投資佔境外機構持有人民幣資產比例	74.2%	72.9%	71.7%	68.4%	69.2%

數據來源：中國人民銀行

我們看到的情況是，包含債券和股票在內的證券投資在我國的資本項目跨境收支中佔舉足輕重的地位。事實上，這也是人民幣國際化的重要進程的主要組成部分之一。然而，外資在我國證券市場的佔比卻是很低，這與證券投資在外資機構持人民幣資產的高佔比形成了反差。如果參考 2022 年 12 月的數據，對股票市場而言，外資佔比為 4.1%，對債券市場而言外資佔比為 2.4%。

單位：億 / 人民幣	債券市場	股票市場
總市值	1,448,000	788,006
外資持股	34,582	31,960
外資佔比	2.4 %	4.1%

數據來源：中國人民銀行，滬深交易所，2022 年 12 月。

本書目標主要是境外使用中文教學的金融課程的數據分析與金融建模使用，也作為香港等地區的國際投資者使用人民幣資產對應的數據進行投資分析和建模的參考之一。

本書的內容方向規劃上：

1. 使用相對經典的金融學建模教科書的內容，從均值方差模型、資本資產定價模型、多因子模型，再到時間序列和波動性的模型，這部分於香港高校已經在使用的金融建模的教學參考書籍是類似的，但區別在於我們將中國 A 股、港股或者部分使用亞洲地區國家數據用於香港的教學案例，而不是香港地區的教學內容或參考書籍常規使用的教學參考以美股數據為主進行教學的方式。

2. 在常規金融建模的基礎上，我們也歸納了最新的機器學習和深度學習在金融建模中的學術發展和應用，且列舉了生成式人工神經網絡在處理實證資產定價方面的探索案例，供有興趣的讀者在此基礎上，進一步探索。由於該領域的學術發展更新較快，在本書介紹內容的基礎上，後續也將持續跟進。
3. 教學中主要使用學術上更為常用的 Stata 代碼的教學過程文件，在本書中更新為業界使用更為頻繁的 Python 代碼。此外，我們與中國經濟金融研究數據庫存（China Stock Mavket ancl Accownting Research Data base, 以下簡稱為：CSMAR）進行數據合作，將 A 股和港股的數據與實現金融學術模型的實戰 Python 代碼進行組合，方便離岸的國際投資者研究使用，也更快速的實踐對中國證券投資的建模和數據應用。

然而，在以上三個方面的努力，雖然本書有一定開展，但各個方面仍需持續深入及完善。不論是金融建模的 A 股數據應用，深度學習在資產定價中的使用，還是業界使用的編程邏輯，涉及學術方面及實踐方面，仍有較大的進步空間，希望通過本書的內容獲取更多的互動提升和優化建議。

我們在本節提及人民幣國際化的進程，以及與美國的資本要素市場規模的差距，我們認為數據和金融建模的基礎理論，是更加中性和國際性的溝通方式。我們可以用來分析美股、港股、A 股、美債、中資債、離岸債，提升使用者運用數據分析中國資本要素市場的情況，從客觀中立和數據驅動的角度，跨越地緣政治情緒（或者僅將此作為某一個宏觀層面影響因子），我們相信國際投資者對中國證券投資的配置比重會逐步提升到合理的水平。

金融建模

在過去幾十年裏，金融學與數據科學的交叉領域取得了長足的進步。本書旨在為讀者提供一個實踐和代碼實操的視角，探討金融建模。

在第二章中，將探討金融資產收益率的分佈特徵與馬科維茨的現代投資組合理論。現代投資組合理論的應用較為廣泛，但馬科維茨模型的關鍵假設如聯合分佈的正態分佈特徵以及均值方差作為效用函數等，在業界實踐中則常有被忽略的情況。所以我們將收益率分佈的偏度和峰度等非常態特徵的測量與投資組合理論的模型一併講述。這樣的考量會貫穿全書，既希望對金融建模理論有紮實理解作為根基，也同時關注應用，且透過 Python 代碼的實現，對理論應用於實踐進行觀察。

在第三章和第四章中，將重點進行債券分析和迴歸計量的介紹。如果我們從金融建模理論脈絡的角度，均值方差模型可以通過投資者效用函數的最佳化過度到資本資產定價模型（CAPM），再透過無套利條件的假設可以過渡到實證定價的因子模型。而本書將債券分析與迴歸分析兩個部分穿插到均值方差模型與資本資產定價模型兩個章節之間，主要的考量是：債券分析的核心是現金流的折現模型，以及透過折現模型的求導，可以得到相關的敏感性和波動性分析的久期和凸性等等；而實證資產定價的因子模型的理論基礎是套利定價 APT 模型，實際上也是基於定價核的時變的未來現金流折現，將資產定價模型統一到現金流折現範式。所以本書認為，介紹債券分析和未來現金流折現的定價方法與理論定價模型以及定價核具有連貫性；而迴歸分析和計量則可以看做是實證資產定價的更廣泛實證研究應用，與定價模型的實證研究具有連貫性。

在第五章中，從在金融和經濟領域的計量研究主題探討之後，轉回以資產收益率作為被解釋變量的實證定價部分。本章節將介紹以市場為單因子的資本資產定價模型，引入了「市場組合」和「貝塔係數」等現代投資組合理論的概念，測量了個股和基金的資產收益率使用市場單因子定價的情況。

我們在對個股和基金等金融資產進行定價的時候，會發現明顯的異象，也就是無法用市場因子線性解釋的部分。在 Cochrane 定義下的絕對資產定價模型（對應於「相對資產定價模型」，即以一個資產的價格解釋另一個資產的價格，如期權定價 BS 模型等）主要關注計量實證分析解釋變量和被解釋變量的函數擬合的一系列定價模型。APT 的理論模型以及因子的實證模型是這領域核心實證建模工具。而 CAPM 模型可以看做是 APT 模型在更強假設下的一個特例。但是，在嚴苛的假設條件下，儘管 CAPM 模型簡潔優雅，但其對金融市場的刻畫過於理想化，比如在第五章的實證中可以發現無法被市場單因子線性解釋的異象。另外，從投資人效用優化的角度，我們也可以直觀的觀察，是否每個投資人都以均值最大化和方差最小化進行投資決策？例如價值投資者，其實是比較關注企業的基本面和估值的關係，而並非主要關注股價收益率數據樣本的數據期望和波動性；再比如大量被動投資者通過投資大市值股票成分組成的指數獲取被動收益，也是主流的投資行為之一。可見，在實際的金融市場中，參與者的相關投資行為並非完全由收益率數據樣本的平均值變異數的效用優化而來。為了提高模型的解釋力，學者們開始探索多因子定價模型，捕捉更廣泛的金融行為對資產價格的驅動力。以法瑪等為代表因素模型的理論基礎源自於 Ross（1976）所提出的套利定價理論（APT）。APT 模型假設資產收益可由數個共同因子驅動，每個因子對應一個風險溢價。與 CAPM 不同，APT 並未對風險因子的性質和數量做出特定假設，從而為多因子模型的發展提供了更為寬鬆的理論框架。在實務中，研究者往往根據經濟金融理論或實證觀察來辨識和建構風險因子。在無套利（即夏普比率不可無限大）的假設下，理論上，任何風險資產都可以被建構的完整風險因子進行定價。但在實證中，由於金融市場的特性，以及金融預測變量的信噪比特性，則可能涉及大量的定價因子。所以本書在第七章節，將討論在處理大量定價因子的情況下，高維度數據的建模方法。然而，因子模型的研究更聚焦到橫斷面的資產定價，即在橫斷面數據上金融資產報酬率和影響報酬率的變量的函數關係的擬合。而時間序列和波動性模型則從收益率時序數據樣本切入，探討了相關建模方法，對理解波動性和時間序列上的數據特徵，提供了建模方法。

在第六章中，我們將初步介紹時間序列波動性模型，如 ARMA 和 ARCH 模型等，並以恆生指數的日收益率為實戰數據，探討了擬合模型對時間序列的預測。ARMA 模型探討了滯後期的變量如何影響當期的變量，以及滯後期的干擾項如何影響當期；而 ARCH 模型則深入清晰的刻畫了金融數據的波動性聚集的特徵，透過干擾項在時間序列上的函數關係建構了波動性聚集的數學表現。結合第五章和第六章的內容，使讀者在因子模型和橫斷面數據上，以及收益率的時間序列和波動性上，都有充分的模型工具用於實踐應用。

在第七章中，我們將重點探討傳統的稀疏性因子模型的局限性以及使用機器學習和深度學習的方法來應對這種局限性的探索。透過對大量因子的預測信息增益的測量，可以知道在實際的金融市場中，存在大量的解釋變量對資產收益率有影響。同時，對處理大量的變量對資產進行定價又面臨兩個難題：一是太多數量的變量造成的過度擬合問題，二是金融預測變量的信噪比較低的問題。針對這兩個問題，結合機器學習及深度學習在處理金融數據方面近期的國際前沿學術的發展，我們提出了應對的模型方法，並透過 A 股的數據進行了實證。

總結而言，數據分析與金融建模是一個蓬勃發展的交叉學科。數據分析與金融建模領域仍有許多亟待探索的問題。本書也旨在拋磚引玉，激發讀者們對本領域各個維度發展方向的思考。未來的投資管理產業可能會更加倚重與數據驅動的決策支援系統，機器學習演算法可能會在投資組合建構、風險管理、交易執行等方面發揮越來越重要的作用。這對金融從業者的技能結構也提出了新的要求，使其在未來金融業的變革中扮演重要角色，為資本市場的健康發展和社會財富的持續增長貢獻智慧和力量。

第二章

金融數據介紹、收益率與投資組合有效前沿

面對紛繁複雜的經濟與金融問題，當我們進行數據採集和模型建立以進行研究或實證分析時，需要對採集的數據樣本的格式進行識別。在實際應用中，我們透過採集某些個體的特徵觀測值來進行分析。例如，資本市場上有數千家上市公司，我們可以針對某家上市公司的利潤或股權價格等特徵進行觀測值數據的收集。此外，在數據採集過程中，也涉及採集的時間、時間間隔以及時間長度等因素。

從個別對象和時間兩個維度來看，常見的金融數據可分為三大類：截面數據、時間序列數據和面板數據。針對不同的數據類型，金融建模的方法也會有較大的差異。在本章中，我們將介紹常見的金融數據類型，並討論金融資產的收益率數據的初步應用。

與金融建模相關的數據基礎

截面數據

統計學與計量經濟學中的一類數據集，通過觀察許多主體（如個人、公司、國家、地區等）在同一時間點或同一時間段截面上反映一個總體的一批（或全部）個體的特徵變量的觀測值。

示例：

港股代碼	日期	行業代碼	營業總收入	利潤總額
00001	2020-12-31	80	286,820,000,000	41699000000
00002	2020-12-31	40	79,726,000,000	15501000000
00003	2020-12-31	40	39,176,500,000	8925600000
00004	2020-12-31	60	20,997,000,000	9527000000
00006	2020-12-31	40	1,329,000,000	6200000000
00007	2020-12-31	05	985,709,000	-251346000
00008	2020-12-31	35	37,304,000,000	1408000000
00009	2020-12-31	60	90,570,000	-602575000
00010	2020-12-31	60	9,650,000,000	-924000000
00012	2020-12-31	60	25,374,000,000	12714000000
00013	2020-12-31	28	235,025,000	-189734000
00014	2020-12-31	60	3,715,000,000	-1995000000
00019	2020-12-31	80	80,032,000,000	-7675000000
00020	2020-12-31	70	3,861,342,000	-12319017000

（續上表）

00021	2020-12-31	60	48,146,000	-81155000
00024	2020-12-31	05	412,093,000	11798000
00027	2020-12-31	23	13,855,336,000	-3762615000
00028	2020-12-31	60	2,766,722,000	914732000
00031	2020-12-31	10	3,633,578,000	389386000
00032	2020-12-31	10	829,118,000	824077000
00033	2020-12-31	23	73,951,000	-52632000
00034	2020-12-31	60	4,798,950,000	835597000

在示例的數據集中，港股上市公司（以「港股代碼」表示）作為一個主體，在同一個時間截面 2020 年 12 月 31 日，觀測該主體的三個特徵：行業、總收入、利潤額。我們將該數據稱為在對應時間點上的上市公司截面數據。當我們使用個體的某些特徵來構造其於某一個或多個特徵的函數關係的時候，或者通過機器學習發現特徵之間的關係，進行特徵的預測等等，截面數據是比較常見的數據集類型。

時間序列數據

時間序列是一組按照時間發生先後順序進行排列的數據點序列。通常一組時間序列的時間間隔為一恆定值，因此時間序列可以作為離散時間數據進行分析處理。

金融領域常見以時間序列的數據類型如：物價指數、國內生產總值、股票指數等。在二級市場的研究中則經常涉及更高頻的時間序列，如按秒、分的股票價格。

示例（時間間隔為一個交易日，指數日變動）：

日變動時間序列	中證中國新經濟指數	中國香港恒生指數	MSCI 歐洲高質量公司
2020/04/21	-0.011042945	-0.024390244	-0.015280136
2020/04/22	-0.001226994	-0.020325203	-0.015280136

（續上表）

2020/04/23	0.003680982	-0.018292683	-0.015280136
2020/04/24	-0.014723926	-0.022357724	-0.0237691
2020/04/27	-0.004907975	-0.004065041	-0.005093379
2020/04/28	-0.006134969	0.006097561	-0.005093379
2020/04/29	0.001226994	0.006097561	0.013582343
2020/05/04	-0.033128834	-0.034552846	-0.028862479
2020/05/05	-0.030674847	-0.024390244	-0.028862479
2020/05/06	0.018404908	-0.010162602	-0.027164686
2020/05/07	0.029447853	-0.018292683	-0.022071307
2020/05/08	0.046625767	-0.008130081	-0.001697793
2020/05/11	0.045398773	0.008130081	0.003395586

在示例的數據集中，我們並沒有將觀測值映射到一個指定的主體（比如上市公司等），而是按照時間間隔，在時間序列上觀測變量的觀察值，示例中是三個不同地區市場的指數日收益率的時間序列。在股票收益率分析、波動性分析、宏觀預測等金融數據應用方面，時間序列數據是較為常見的數據類型。

面板數據

指在時間序列上取多個截面，在這些截面上同時選取樣本觀測值所構成的樣本數據。面板數據可以看做是一個 m×n 的數據矩陣，記載了 n 個時間節點上，m 個對象的某些特徵的數據觀測值。

所以，面板數據包含了有時間序列和橫截面的兩個維度。

股票代碼	年度	總收入 / 總資產	負債比率	淨融資現金流 / 總資產
00001	2010	0.08558	0.17990	0.00602
	2011	0.16195	0.16859	0.04288
	2012	1.02384	0.00658	0.05016
	2013	1.14935	0.00515	-0.11888

（續上表）

00002	2010	0.02607	0.13062	-0.02125
	2011	0.37839	0.01100	0.22038
	2012	0.31225	0.00910	-0.19469
	2013	0.00565	0.46840	-0.02076
00003	2010	0.01944	0.00016	-0.00538
	2011	0.00655	0.52053	0.00017
	2012	0.00655	0.00016	0.00159
	2013	0.00655	0.00019	-0.01282
00004	2010	0.00655	0.55531	0.03611
	2011	0.00655	0.15838	0.62733
	2012	0.00655	0.00859	-0.13214
	2013	0.00655	0.60132	0.01313

在示例的數據集中，我們觀測映射到一個主體（上市公司），在不同時間段的觀察值，個體是上市公司，時間序列按年為間隔，對個體的三個特徵：「總收入 / 總資產」的比值，「負債率」，「淨融資現金流 / 總資產」的比值進行觀測。

面板數據是進行金融經濟計量分析中常見的數據類型。因為包含個體和時間兩個維度，在計量模型中，也比較常見對個體效用或者時間效應進行控制的因果分析的方法。

描述性統計

在收集到數據之後，建立金融模型之前，我們通常會對實驗採集或供應商提供的數據的情況進行描述性統計的觀察。描述性統計的觀察可以使我們對數據的全貌有初步的判斷。當我們使用數據進行投資決策或進行實證研究的工作，研究設計和建模設計的過程需要較多精力的投入，描述性統計可以快速協助我們預判研究的方向。

具體而言，在金融數據和金融建模的數據應用中，判斷數據的集中趨勢和離散趨勢，可以快速協助我們瞭解數據特徵。

集中趨勢的描述性統計量：

1. 平均值：數據集的算術平均數。
2. 中位數：按大小順序排列的有序數據集之中點位置對應的數值。
3. 眾數：數據集中出現頻率最高的數值。

離散趨勢統計量：

1. 方差或標準差：一組數據與其均值為代表的的中心的平均離散水平。

2. 分位數：數據集有小到大排序後分成 n 等分，出於 n-1 個分割點的數值是 n 分位數。

Python 實戰代碼

1. 導入數據集 - 國家財政收支數據表 (1951-2023)

```
data = pd.read_csv('/Users/xiaoquanliu/Desktop/Csmar_Data/ 第二章 / 國家財政收支數據表 .csv')
# 2. 計算平均值 / 中位數 / 眾數 / 方差 / 標準差，以及 25%/50%/75% 分位數
mean = data.mean()
median = data.median()
mode = data.mode().iloc[0]
variance = data.var()
std_deviation = data.std()
quantiles = data.quantile([0.25, 0.5, 0.75])
# 打印結果
print(" 平均值 :", mean)
print(" 中位數 :", median)
print(" 眾數 :", mode)
print(" 方差 :", variance)
print(" 標準差 :", std_deviation)
print(" 分位數 :\n", quantiles)
```

在對數據集的描述性統計特徵進行觀測後，我們可以進一步觀察數據的分佈特徵。在金融建模的領域內，正態分佈和高斯分佈式最常見的分佈類型，尤其是在相對資產定價模型中，正態分佈是應用中的常見假設。或相關模型將收益率分佈近似於正態分佈進行處理。所以在本章中，我們主要介紹正態分佈，以及檢驗正態分佈的過程中所使用的偏度和峰度等數據特徵的計量。

正態分佈

正態分佈是常見的連續概率分佈。正態分佈在統計學上十分重要，經常用在自然和社會科學來代表一個不明的隨機變量。

正態分佈的數學定義是指，隨機變量 X 服從一個位置參數為 μ，尺度參數為 σ 的正態分佈，計為：

$$X \sim N(\mu, \sigma^2)$$

概率密度函數為：

$$f(x) = \frac{1}{\sigma\sqrt{2\pi}} e^{-\frac{(x-\mu)^2}{2\sigma^2}}$$

正態分佈的數學期望等於位置參數，決定了分佈的位置；其標準方差等於尺度參數，決定了分佈的幅度。

Python 實戰代碼

繪製正態分佈圖

```
import numpy as np
import matplotlib.pyplot as plt
# 生成一組隨機數據
mu, sigma = 0, 0.1 # 均值和標準差
data = np.random.normal(mu, sigma, 1000)
# 繪製正態分佈曲線
x = np.linspace(mu - 3*sigma, mu + 3*sigma, 100)
y = 1/(sigma * np.sqrt(2 * np.pi)) * np.exp(-(x - mu)**2 / (2 * sigma**2))
plt.plot(x, y, linewidth=2, color='r')
plt.xlabel('x')
plt.ylabel('Probability Density')
plt.title('Normal Distribution')
plt.grid(True)
plt.show()
```

圖 2-1

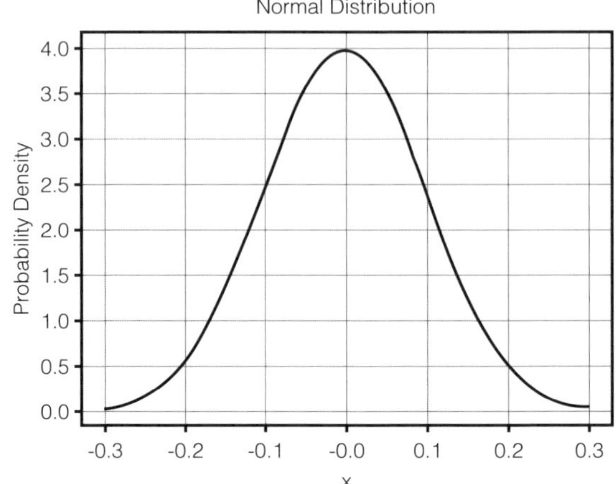

我們以金融資產的收益率的數據樣本為例，可以檢驗正態分佈以及統計收益率分佈的及其他統計量，協助我們初步判斷一項資產的收益率的初步統計特徵。

收益率計算

設 Rt 為第 t 期的資產收益率，Pt 為第 t 期的資產價格。

簡單收益率：

$$1 + R_t = \frac{P_t}{P_{t-1}}$$

單期簡單淨收益率：

$$R_t = \frac{P_t}{P_{t-1}} - 1$$

K 期簡單收益率：

$$1 + R_t(k) = \frac{P_t}{P_{t-k}} = \prod_{j=0}^{k-1}(1 + R_{t-j})$$

K 複合淨收益率：

$$R_t(k) = \frac{P_t}{P_{t-k}} - 1$$

資產組合收益率：

設有 N 類資產，$A_{p,t-1}$ 是投資組合資產的淨值，$A_{i,t-1}$ 投資組合中第 i 項資產的淨值。組合的資產收益率為：

$$A_{p,t-1} = \sum_{i=1}^{N} A_{i,t-1} = A_{p,t-1}\sum_{i=1}^{N} w_i$$

其中$w_i=\frac{A_{i,t-1}}{A_{p,t-1}}$是第 i 項資產的權重，於是

$$A_{p,t}=\sum_{i=1}^{N}A_{i,t-1}(1+R_{i,t})=A_{p,t-1}\sum_{i=1}^{N}w_i(1+R_{i,t})=A_{p,t-1}(1+\sum_{i=1}^{N}w_iR_{i,t})$$

則，資產組合的簡單收益率可由權重收益率累加。

超額收益率：

$$Z_t=R_t-R_{0t}$$

R_{0t}為基金經理的對標收益，通常為市場指數的收益率，或者無風險收益率。在後續章節，資本資產定價模型中將進一步探討。

以下我們以滬深港三個市場的科技公司指數 ETF（股票代碼為 517360）為例，演示日收益率的計算。

Python 代碼實戰

以價格數據計算個股收益率

```
# 導入相關的模塊
import pandas as pd
import matplotlib.pyplot as plt
# 讀取數據集 - 我們讀取科技 etf-517360.ss 的日價格數據
df = pd.read_csv(file path/ 第二章 /517360.SS.csv')
# 設置時間格式
df['Date'] = pd.to_datetime(df['Date'])
# 通過收盤價格計算日收益率
df['Return'] = df['Close'].pct_change()
# 顯示數據觀察收益率變量是否計算並添加成功
df.head()
# 繪製收益率數據的時間序列
```

```
plt.figure(figsize=(10,6))
plt.plot(df['Date'], df['Return'])
plt.xlabel('Date')
plt.ylabel('Return')
plt.title('China Tech 517360 etf return')
plt.show()
```

圖 2-2

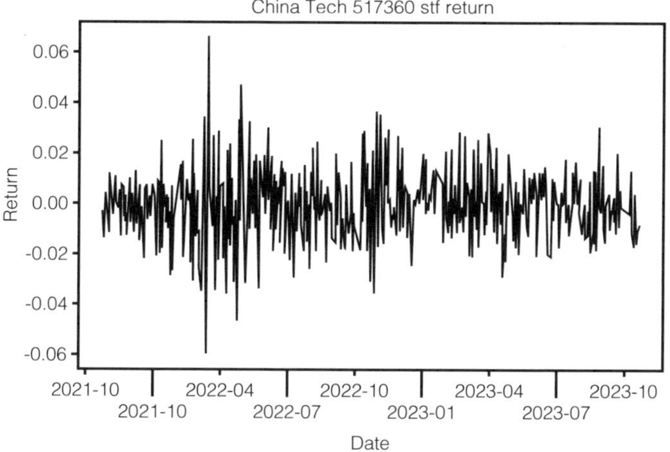

此外，我們可以進一步觀察中國科技指數 ETF 的股價收益率的分佈情況：

```
import pandas as pd
import numpy as np
import matplotlib.pyplot as plt
from scipy.stats import norm
# 導入數據
df = pd.read_csv(file path/ 第二章 /517360.SS.csv')
df['Date'] = pd.to_datetime(df['Date']
# 計算收益率
df['Return'] = df['Close'].pct_change()
```

```
# 去除 NaN 值
df = df.dropna()
# 計算收益率的均值和標準差
mu, std = norm.fit(df['Return'])
# 繪製收益率的直方圖
plt.hist(df['Return'], bins=30, density=True, alpha=0.6, color='b')
# 繪製正態分佈的概率密度函數
xmin, xmax = plt.xlim()
x = np.linspace(xmin, xmax, 100)
p = norm.pdf(x, mu, std)
plt.plot(x, p, 'k', linewidth=2)
title = "Fit results: mu = %.2f,  std = %.2f" % (mu, std)
# 顯示圖例和標題
plt.title(title)
plt.show()
```

圖 2-3

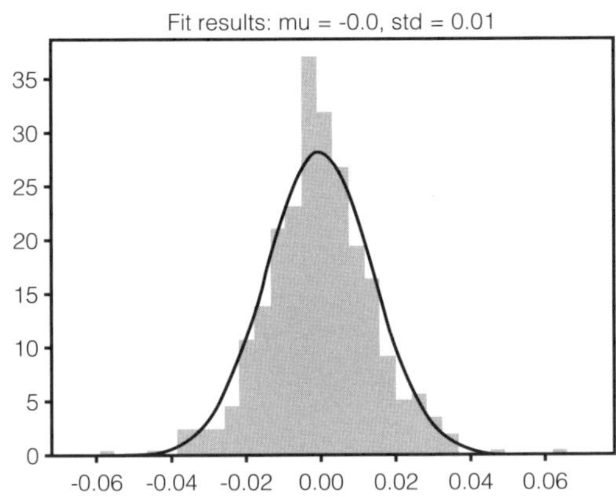

我們通過對比該 ETF 的股價計算出的日收益率的分佈與正態分佈，從而觀察股票收益率的期望均值（位置參數）以及標準方差（尺度參數）。

收益率的分佈統計

設 (Ω, F, P) 為概率空間，$X:\Omega \to \mathbb{R}^p$ 和 $Y:\Omega \to \mathbb{R}$^q 是定義在該空間上的隨機變量。

X 和 Y 的聯合分佈函數定義為：

$$F_{X,Y}(x, y|\theta) = P_\theta(X \le x, Y \le y), x \in R^p, y \in R^q$$

其中 θ 是分佈參數 ，$F_{X,Y}(x, y|\theta)$ 是右連續的。

邊緣分佈

X 的邊緣分佈可以從聯合分佈中導出：

$$F_X(x|\theta) = \lim_{y\to\infty} F_{X,Y}(x, y|\theta) = P_\theta(X \le x)$$

條件分佈

在 $Y \le y$ 條件下 X 的條件分佈為：

$$F(x|Y \le y, \theta) = \frac{F(x, y|\theta)}{F_Y(y|\theta)}, \text{當} P(Y \le y|\theta) > 0$$

期望和方差

期望

隨機變量 X 的期望定義為：

$$E[X] = \int_{R^p} x\, dF_X(x|\theta)$$

如果 X 有概率密度函數 $f_X(x|\theta)$，則：

$$E[X] = \int_{R^p} x\, f_X(x|\theta) dx$$

方差衡量隨機變量圍繞其期望的離散程度：

$$Var(X) = E[(X - E[X])^2] = E[X^2] - (E[X])^2$$

高階矩：偏度和峰度

偏度衡量分佈的不對稱性：

$$Skew(X) = E\left[\left(\frac{X - E[X]}{\sqrt{Var(X)}}\right)^3\right] = \frac{E[(X - E[X])^3]}{\left(Var(X)\right)^{3/2}}$$

峰度衡量分佈的尖峭程度：

$$Kurt(X) = E\left[\left(\frac{X - E[X]}{\sqrt{Var(X)}}\right)^4\right] - 3 = \frac{E[(X - E[X])^4]}{\left(Var(X)\right)^2} - 3\text{a}$$

樣本統計量

在實際應用中，我們通常使用樣本來估計這些統計量。

樣本均值

$$\bar{X} = \frac{1}{n}\sum_{i=1}^{n} X_i$$

樣本方差

$$S^2 = \frac{1}{n-1}\sum_{i=1}^{n}(X_i - \bar{X})^2$$

樣本偏度

$$Skew = \frac{1}{n}\sum_{i=1}^{n}\left(\frac{X_i - \bar{X}}{S}\right)^3$$

樣本峰度

$$Kurt = \frac{1}{n}\sum_{i=1}^{n}\left(\frac{X_i - \bar{X}}{S}\right)^4 - 3$$

聯合分佈和邊緣分佈為我們提供了描述多個隨機變量相互關係的基礎。這對於理解複雜的金融模型（如多資產投資組合）至關重要。

期望 $(E[X])$ 代表隨機變量的平均值或中心趨勢。可以表示資產的預期收益。

方差 $(Var(X))$ 衡量隨機變量圍繞其期望的波動性，常用於衡量風險。

偏度描述了分佈的不對稱性。正偏度表示分佈有一個長的右尾（可能意味着少數極大的正收益），而負偏度表示長的左尾（可能意味着少數極大的負收益）。

峰度描述了分佈的尖峭程度和尾部的厚度。高峰度意味着分佈有較厚的尾部。

Python 代碼實戰

```
from scipy import stats
# 計算偏度
skewness = stats.skew(df['Return'].dropna())
print(f" 偏度：{skewness}")
# 計算峰度
kurtosis = stats.kurtosis(df['Return'].dropna())
print(f" 峰度：{kurtosis}")
# 輸出結果
偏度：0.10072706677671371
峰度：1.5705122969353926
import seaborn as sns
import matplotlib.pyplot as plt
# 畫出 Kernel Density
sns.kdeplot(df['Return'].dropna(), bw_method=0.3)
# 添加 0 均值的虛線
plt.axvline(0, color='g', linestyle='--')
plt.title('Kernel Density of Return')
plt.show()
```

圖 2-4

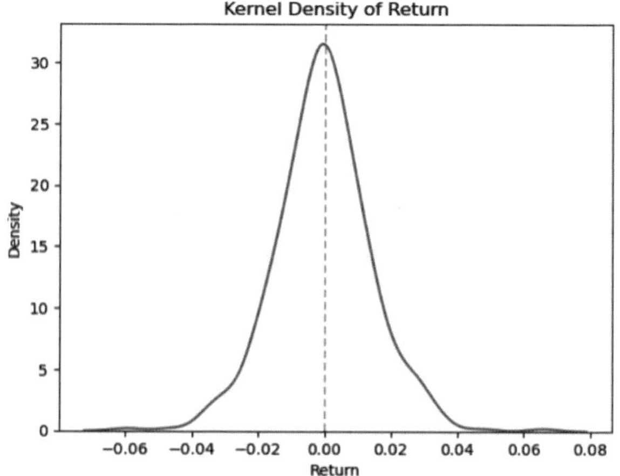

統計每支個股的收益率的偏度和峰度的意義在於，如果個股日收益率分佈統計右偏或者左偏的情況下，我們認為該股票並非是隨着正態分佈下的隨機數，而是更大概率期望收益率大於零或者小於零。在實際應用中，偏度的統計量，可以便於我們在一段時間內，篩選出期望收益率為正的概率更大的個股或資產。

另一方面，通過對比峰度，實際上是衡量個股的收益率分佈的集中程度，涉及對尾部風險的評估以及離散情況和波動率情況的判斷等，我們選擇更高峰度的個股，則有助於我們降低投資組合的波動性，但同時也需要評估尾部風險的情況。

對金融資產或個股的分佈特徵的統計，使得我們可以預先對該資產的歷史統計分佈率有一個初步認識，也是對收益率的統計分佈層面的某類資產的特徵識別。

檢驗收益率的正態分佈

我們通過搜尋 2022 年度的發明專利的數量，找出專利數量最多的其中三支中國 A 股公司，採集其 2023 年日收益率作為統計對象。

代碼	上市公司	2022 年發明專利總數
688981	中芯國際	17,744
688387	中信科移	17,001
601618	中國中冶	12,141

示例，我們首先檢驗「688387　中信科移」從 2023 年 1 月 1 日到 10 月 24 日的日收益率分佈，是否符合正態分佈。

Python 代碼實戰

```
from scipy import stats
df = pd.read_csv(file path ‘merged_return.csv’)
# 刪除 NaN 值
df = df.dropna(subset=[‘688387.SSReturn’])
# 進行正態性檢驗
k2, p = stats.normaltest(df[‘688387.SSReturn’])
print(“p = {:g}”.format(p))
# 若 p 值小於 0.05，則收益率 Return 不滿足正態分佈
if p < 0.05:
print(“Return 不滿足正態分佈 ”)
else:
print(“Return 滿足正態分佈 ”)
# 輸出結果
p = 2.82902e-24
Return 不滿足正態分佈
```

通過以上的計算檢驗，在 95% 的置信區間，我們可以知道該收益率的分佈並非標準正態分佈。意味着，我們不可以將該段時間的日收益率視為一個期望為零的隨機分佈，而其期望值和方差具有某種特徵，值得我們進一步挖掘，而不是將股票收益率簡單的視為圍繞期望收益為零的波動性觀測值。如果考察大部分的股票日收益率的分佈統計監測，我們可以發現少部分接近正態分佈（比如交易流動性很大的 ETF 或個股等），而大部分是具有區別於正態分佈的偏度或者峰度。我們在後續的實證資產定價的章節，將會詳細討論，我們該如何去尋找這種驅動力。從噪音較高的金融特徵數據中發現預測收益率的變量及觀察值。

為了更好的說明基於收益率的分佈特徵，以及期望值 / 方差如何進行投資組合的構建，我們再引入了三支在 2023 年均值收益率為正，且正收益期望值較大的個股：

代碼	上市公司	2023 年 1 月至 10 月 / 日收益均值
002855	捷榮技術	0.010691648
300114	中航電測	0.009764826
300308	中際旭創	0.009223407

我們合併專利排名前三的個股和三支收益率均值為正的個股為一個投資組合，首先求偏度和峰度：

```
import pandas as pd
from scipy.stats import skew, kurtosis
import matplotlib.pyplot as plt
import seaborn as sns
# 讀取個股收益率的 CSV 文件
df = pd.read_csv(file path 'merged_return.csv')
# 計算每個個股 return 的峰度和偏度
stats = {}
```

```
for column in df.columns:
if column != 'Date':
stats[column] = [skew(df[column].dropna()), kurtosis(df[column].
dropna())]
stats_df = pd.DataFrame(stats, index=['Skewness', 'Kurtosis']).
transpose()
print(stats_df)
# 在圖中展示所有 return 的 kernel density
plt.figure(figsize=(12, 6))
for column in df.columns:
if column != 'Date':
sns.kdeplot(df[column], label=column)
plt.xlabel('Return')
plt.ylabel('Density')
plt.title('Kernel Density of Return')
plt.legend()
plt.grid(True)
plt.show()
# 輸出結果
Skewness  Kurtosis
688387.SSReturn  2.027722  9.170892
601618.SSReturn  0.165731  1.956205
688981.SSReturn  0.101679  4.015299
002855.SZReturn  0.671360  1.363225
300114.SZReturn  2.218491  6.405971
300308.SZReturn  1.134187  2.801581
```

圖 2-5

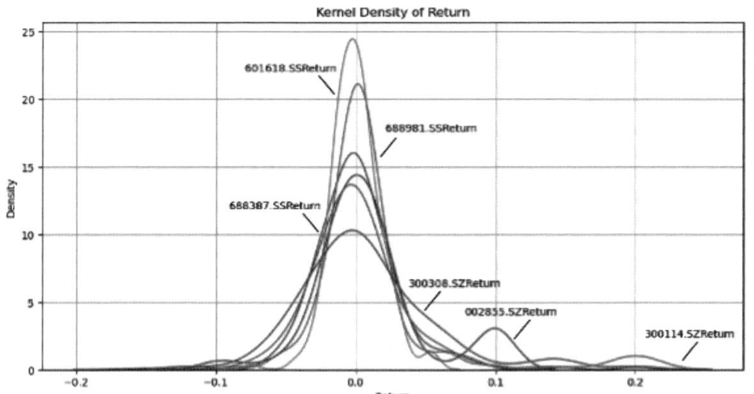

通過以上計算，我們可以觀測到，偏度最大的前三支個股是「中信科移」、「中航電測」以及「中際旭創」。從偏度值可以知道該個股相對正態分佈而言，其期望收益率並不會顯著為零，而是有朝向一個非零實數的期望值為趨勢。且尾部分佈顯著不對稱意味着，可能有不趨向零的正收益率或者負收益率。從基金經理追求阿爾法收益的角度，事實上卻是需要將明顯偏離正態分佈的個股進行重點的關注並謹慎分析。

而峰度在圖形中顯示為更加高尖的體現，在離散統計的角度意味着更小的標準方法，既選擇更小波動性的個股；但從分佈特徵的角度，也意味着相對於正態分佈不一樣的尾部風險談特徵，值得關注。

綜上，從發掘股票的超額收益和控制投資組合波動性風險額兩個方面而言，觀察個股收益率的偏度和峰度兩個統計量，可以幫助我們逐步觀察每支個股的統計量。通過監測相關特徵，有助於我們發掘超額個股以及控制波動。

機會集合與有效前沿

然而，如果考慮單支個股的偏度和峰度作為衡量個股的收益率特徵，會顯得的比較片面。因為實踐中，我們常常需要面對多支個股或多個金融資產進行投資決策的情況。我們通過分佈特徵將正收益概率更高以及標準方差更小的個股選出，也面臨如何構建多支股票的投資組合的難題。基於這個情況，我們需要進一步瞭解均值方差模型下的機會集合與有效前沿。我們將收益率的分佈當作近似正態分佈進行考量。

假設有 m 個風險資產（也可以考慮為 m 支個股），考慮單期的收益率，我們可以得到一個收益率的向量：

$$R = [R_1 \quad R_2 \dots \quad R_m]$$

進一步可以考察收益率的期望值 $E(R)$ 和協方差 $Cov[R]$

$$E(R) = \mu = \begin{matrix} \mu_1 \\ \cdots \\ \mu_m \end{matrix}, Cov[R] = \begin{pmatrix} \sum 1,1 & \cdots & \sum 1,m \\ \vdots & \ddots & \vdots \\ \sum m,1 & \cdots & \sum m,m \end{pmatrix}$$

這個時候，我們為了構建投資組合，設置一個權重係數的向量 W

$$W = [w_1 \quad w_2 \dots \quad w_m], \sum_{i=1}^{m} w_i = 1$$

從而，我們可以知道投資組合的收益率為：

$$R_w = \sum_{i=1}^{m} w_i R_i$$

進一步，我們可以在每一個投資權重下，觀察期望值和標準方差

$$\mu_w = E[R_w] = w' \mu$$

$$\sigma_w^2 = var[R_w] = w' \sum w$$

基於此，當我們用多個風險資產構造投資組合的時候，我們可以得到一個投資組合的機會集合，該集合的每一組由不同的權重 w 對應的的期望均值和方差構成。

$$\Pi^* = \{(\mu_w \sigma_w): 0 \leq w \leq 1),$$

當我們把所有的機會集合用橫軸是風險 σ_w，縱軸是期望收益率 μ_w 進行描述的時候，在每一個投資組合權重 w 的取值下形成的一個投資組合其對應的點。

由不同投資權重下的均值方差構成的集合我們稱為投資組合的機會集合。其直觀的意義是我們有機會在這個集合中按我們對期望值（收益）和方差（風險）的偏好進行投資組合的構建。

作為理性投資者，通常會希望收益最大化以及風險最小化，那麼衡量的方式可以是最大化「期望收益 / 波動性」的比值，在實踐中這個比值也對應着通常用來衡量基金經理投資能力的「夏普比率」。如果我們在機會集合中，給實收益率或符合定方差的情況下，追求最優化夏普比率的求解，便產生了有效前沿曲線的概念。

具體而言，有效前沿曲線是在同樣的風險下（橫軸的波動性為固定值）找最優的期望收益率（縱軸的期望收益率），從而形成一個期望收益 / 方差的座標點。沿着每個波動性取值，找到最優的期望收益率，從一個平面的

機會組合中，可以過濾出有效前沿曲線。

關於有效前沿的解析解，在給定預期報酬率的情況下，可以通過拉格朗日乘法來求解。

已知目標函數

$$\min_{w}\left(W^T \sum W\right)$$

其中 W^T 為權重向量，$\sum W$ 代表權重乘以協方差矩陣：

約束條件：

1. 給定收益率

$$W^T\mu = r$$

2. 所有權重之和等於 1

$$\sum_{i=1}^{n} w_i = 1$$

求解：

拉格朗日乘數法

$$L(w,\lambda_1,\lambda_2) = W^T \sum W + \lambda_1(r - W^T\mu) + \lambda_2(1 - \sum_{i=1}^{n} w_i)$$

我們通過 L 對 w,λ_1,λ_2 求偏導數

$$\frac{\partial L}{\partial W} = 2\sum W - \lambda_1\mu - \lambda_2 1$$

$$\frac{\partial L}{\partial \lambda_1} = r - W^T\mu = 0$$

$$\frac{\partial L}{\partial \lambda_2} = 1 - \sum_{i=1}^{n} w_i = 0$$

在給定預期收益率的情況下，可以通過以上求解方程式得到最優解。

圖 2-6

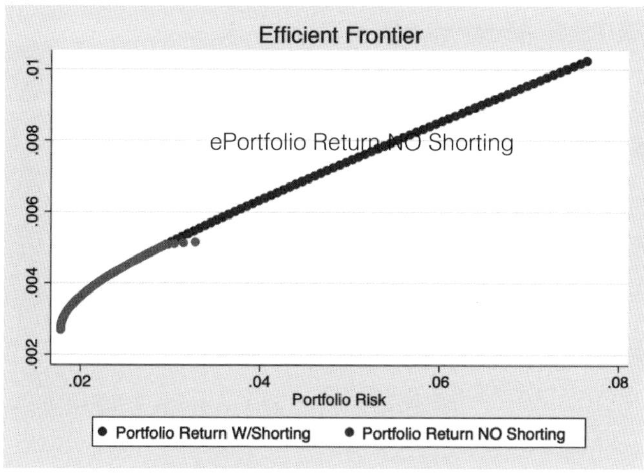

我們再回到本節的六支個股：

代碼	上市公司	2022 年發明專利總數
688981	中芯國際	17744
688387	中信科移	17001
601618	中國中冶	12141
代碼	**上市公司**	**2023 年 1 月至 10 月 / 日收益均值**
002855	捷榮技術	0.010691648
300114	中航電測	0.009764826
300308	中際旭創	0.009223407

假設有一位分析師很關注研發和專利的能力，所以選擇了「中芯國際」、「中信科移」、「中國中冶」，而另一位分析師是金融工程和量化方面的分析，很關注的收益率統計分佈，所以選擇了三支期望均值為正的個股「捷榮技術」、「中航電測」、「中際旭創」。

如果我們作為基金經理，收到兩位分析師各自推薦的三支股票，即六支個股的投資組合。我們應該如何來判斷哪支多買，哪支少買呢？

基於均值方差模型下的有效前沿的建模方式，以下我們通過實戰的數據來進行觀察，以收益最大結合波動最小（即最大化夏普比率）為優化目標，求解有限前沿，從而得出優化的個股權重。

Python 代碼實戰

```
import numpy as np
import pandas as pd
from scipy.optimize import minimize
# 讀取數據
df = pd.read_csv(file path/ 第二章 /merged_return.csv', index_
col='Date')
# 計算預期收益率、預期波動率以及協方差矩陣
mean_daily_returns = df.mean()
cov_matrix = df.cov()
# 設置投資組合的數量
num_portfolios = 25000
results = np.zeros((3, num_portfolios))
for i in range(num_portfolios):
# 隨機生成權重，並歸一化
weights = np.random.rand(df.shape[1])
weights /= np.sum(weights)
# 計算預期收益和波動率
portfolio_return = np.sum(mean_daily_returns * weights) * 252
portfolio_std_dev = np.sqrt(np.dot(weights.T, np.dot(cov_matrix,
weights))) * np.sqrt(252)
# 計算夏普比率
```

```
sharpe_ratio = portfolio_return / portfolio_std_dev
results[0, i] = portfolio_return
results[1, i] = portfolio_std_dev
results[2, i] = sharpe_ratio
# 找出夏普比率最大的投資組合
best_portfolio = results[:, results[2].argmax()]
print("Expected annual return:", round(best_portfolio[0], 2),
"\nVolatility:", round(best_portfolio[1], 2),
"\nSharpe Ratio:", round(best_portfolio[2], 2))
# 輸出結果
Expected annual return: 1.76
Volatility: 0.38
Sharpe Ratio: 4.6
```

通過以上過程的有效前沿求解，我們在已知六支個股從 2023 年 1 月 1 日到 10 月 24 日的日收益率數據的情況下，可以求解出最高可行的夏普比率為 4.6。該點實際上是我們沿着有效前沿曲線找到的夏普比率最大可性值。我們在求解的過程中，使用電腦窮舉了 25,000 種可能投資組合，我們也稱為機會集合，並從中進行優化求解。

我們再來看看，在最優夏普比率情況下的每支個股的權重。以下代碼中我們默認收益率的文件 merged_return.csv 文件已經讀取到 pandas 中：

```
# 優化投資組合
num_assets = len(df.columns)
num_portfolios = 25000
all_weights = np.zeros((num_portfolios, num_assets))
returns = np.zeros(num_portfolios)
volatility = np.zeros(num_portfolios)
```

```
sharpe_ratio = np.zeros(num_portfolios)
for i in range(num_portfolios):
# 權重
weights = np.random.random(num_assets)
weights = weights/np.sum(weights)
# 存儲權重
all_weights[i,:] = weights
# 期望收益率
returns[i] = np.sum((mean_daily_returns * weights) * 252)
# 期望方差
volatility[i] = np.sqrt(np.dot(weights.T, np.dot(cov_matrix, weights)) *
np.sqrt(252))
# 夏普比率
sharpe_ratio[i] = returns[i]/volatility[i]

# 找到最大夏普比率的投資組合
max_sr_loc = np.argmax(sharpe_ratio)
max_sr_weights = all_weights[max_sr_loc]
for i, stock in enumerate(df.columns):
print(f"Weight of {stock} in the portfolio with maximum Sharpe Ratio:
{max_sr_weights[i]}")
# 輸出結果
Weight of 688387.SSReturn in the portfolio with maximum Sharpe
Ratio: 0.011429541582420747
Weight of 601618.SSReturn in the portfolio with maximum Sharpe
Ratio: 0.049714668578035776
Weight of 688981.SSReturn in the portfolio with maximum Sharpe
Ratio: 0.11894112874024752
Weight of 002855.SZReturn in the portfolio with maximum Sharpe
```

Ratio: 0.40578480932382466

Weight of 300114.SZReturn in the portfolio with maximum Sharpe Ratio: 0.2356812928402096

Weight of 300308.SZReturn in the portfolio with maximum Sharpe Ratio: 0.17844855893526176

最後，我們可以通過圖示來觀察六支個股的有效前沿和機會集合的情況：

```
import matplotlib.pyplot as plt
# 先創建一個空的 figure
fig = plt.figure()
# 創建一個子圖，相當於在空的 figure 上增添一個子應用區域
ax1 = fig.add_subplot(111)
# 在創建的應用區域上畫圖，並設置圖形的各種屬性
ax1.scatter(results[1,:],results[0,:],c=results[2,:],cmap='YlGnBu',marker='o',s=10, alpha=0.3)
ax1.scatter(best_portfolio[1],best_portfolio[0],marker='x',color='r',s=100)
# 設置圖形標題以及 x，y 軸的名稱
plt.title('Efficient Frontier')
plt.xlabel('Risk')
plt.ylabel('Return')
# 顯示圖形
plt.show()
```

圖 2-7

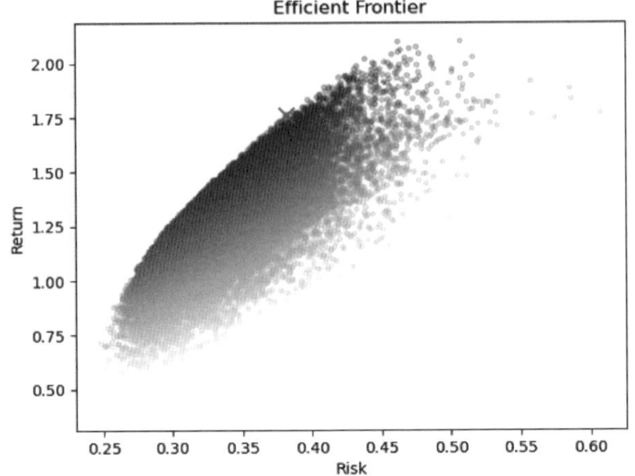

沿着有效前沿的曲線，事實上我們可以找到多個有效前沿的組合，比如我們如果把收益率控制在 0.75，則相應的波動率也會降低。但 4.6 的夏普比率是有效前沿曲線上，最大化夏普比率的均值 / 方差組合點。

所以如果我們選取 2022 年發明專利最多的三家 A 股公司，與 2023 年 1 月到 10 月平均日收益率靠前的三家 A 股公司，構建成一個投資組合，使用均值方差模型下的最優夏普比率回測結果可以實現：

「年化收益率 175%，波動性 38%，夏普比率 4.6」

這是一個非常具有吸引力的收益率和風險的回測數據，通過我們以上的實戰建模的方式，做出的回測表現可以讓我們對經典的均值方差模型產生信心。1 個單位的波動性可以換 4.6 個單位的收益率。

需要注意，在本章節展示的個股中，由於我們後驗的選取了期望收益率為正且比較大的三支個股，所以導致優化結果出現了非常高的 4.6 夏普比率。以及在優化的權重下，很高的年化收益率。

需要非常注意的是，本章的例子也說明了一個問題。我們在量化技術下，其實構造一個非常漂亮的收益率回測曲線（比如本章的夏普比率 4.6，幾乎超過大部分的對沖基金經理）是相對容易獲取的。因為我們可以根據已經觀察到的收益率分佈來選擇個股，並求解最優值。這也是為甚麼我們需要對量化基金的回測曲線進行質疑。事實上，如果不涉及多因子模型或者尋找定價變量的預測行為下的建模，只是圍繞分佈率和均值方差進行建模，那麼做出優質的回測曲線則只具備量化的技術意義，可能未必真正深入到了影響股票收益率運動的金融行為驅動。相比多因子和尋找超額預測變量而言，這樣的回測在未來的樣本外的夏普比率的實現則面臨更多困難。

我們在後續章節的迴歸分析以及實證資產定價模型中，會再進一步瞭解通過迴歸檢驗影響關係或者因果路徑關係之後，從較為初步的計算和預測收益率分佈的量化方式，再逐步過渡到以預測特徵為主的建模方式。

為了更好的説明這個問題，如果我們不進行先驗的篩選收益率分佈進行個股選擇，而觀察個股的某個基本面特徵進行選股，例如我們認為發明專利有優勢的個股，可能具有超額收益的潛質。通過採集 2022 年的發明專利數，進行如下的選股：

代碼	上市公司	2022 年發明專利總數
688981	中芯國際	17,744
688387	中信科移	17,001
601618	中國中冶	12,141

數據來源：中國經濟金融研究數據庫（China Stock Market & Accounting Rearch Database, CSMAR）

即我們認為 2022 年發明專利總數排名靠前的三支個股可能具有超額收益率的可能。我們通過均值方差模型對選股進行組合構建。

Python 實戰代碼

```
import pandas as pd
# 根據路徑讀取 csv 文件
```

```
files = [ "688387.SS", "601618.SS", "688981.SS"]
path = "file path/ 第二章 /"
dataframes = {}

for file in files:
data = pd.read_csv(path + file + '.csv')
data['Return'] = data['Close'].pct_change()
data = data[['Date', 'Return']]
data.columns = ['Date', file + 'Return']
dataframes[file] = data
# 合併日收益率
merged_return = pd.DataFrame()
for df in dataframes.values():
if merged_return.empty:
merged_return = df
else:
merged_return = pd.merge(merged_return, df, on='Date')

# 保存合併的收益率 csv 文檔到指定路徑
merged_return.to_csv(path 'merged_return_1.csv', index=False)
```

針對三支個股的數據，我們求解最大化的夏普比率

```
import numpy as np
import pandas as pd
from scipy.optimize import minimize
# 讀取數據
df = pd.read_csv(file path/ 第二章 /merged_return_1.csv', index_
col='Date')
# 計算預期收益率、預期波動率以及協方差矩陣
mean_daily_returns = df.mean()
```

```
cov_matrix = df.cov()
# 設置投資組合的數量
num_portfolios = 25000
results = np.zeros((3, num_portfolios))
for i in range(num_portfolios):
# 隨機生成權重，並歸一化
weights = np.random.rand(df.shape[1])
weights /= np.sum(weights)
# 計算預期收益和波動率
portfolio_return = np.sum(mean_daily_returns * weights) * 252
portfolio_std_dev = np.sqrt(np.dot(weights.T, np.dot(cov_matrix,
weights))) * np.sqrt(252)
# 計算夏普比率
sharpe_ratio = portfolio_return / portfolio_std_dev
results[0, i] = portfolio_return
results[1, i] = portfolio_std_dev
results[2, i] = sharpe_ratio
# 找出夏普比率最大的投資組合
best_portfolio = results[:, results[2].argmax()]

print("Expected annual return:", round(best_portfolio[0], 2),
"\nVolatility:", round(best_portfolio[1], 2),
"\nSharpe Ratio:", round(best_portfolio[2], 2))

# 輸出結果
Expected annual return: 0.54
Volatility: 0.36
Sharpe Ratio: 1.48
import matplotlib.pyplot as plt
```

```
# 畫出有效前沿曲線及最優解
# 先創建一個空的 figure
fig = plt.figure()
# 創建一個子圖，相當於在空的 figure 上增添一個子應用區域
ax1 = fig.add_subplot(111)
# 在創建的應用區域上畫圖，並設置圖形的各種屬性
ax1.scatter(results[1,:],results[0,:],c=results[2,:],cmap='YlGnBu',ma
rker='o',s=10, alpha=0.3)
ax1.scatter(best_portfolio[1],best_portfolio[0],marker='x',color='r'
,s=100)
# 設置圖形標題以及 x，y 軸的名稱
plt.title('Efficient Frontier')
plt.xlabel('Risk')
plt.ylabel('Return')
# 顯示圖形
plt.show()
```

圖 2-8

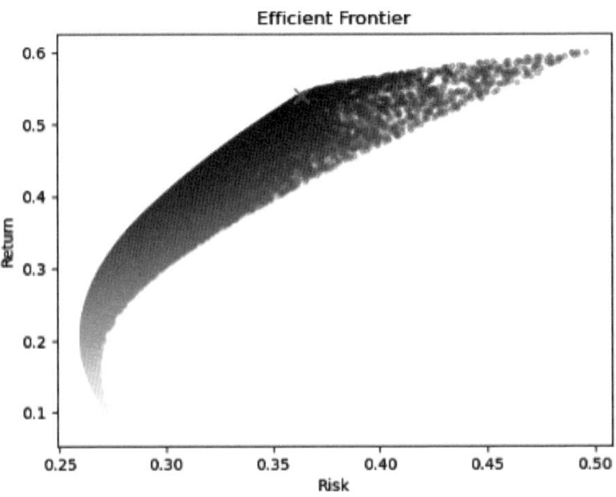

通過以上計算可知，如果我們不是事先觀察過往的收益率均值進行選股，而僅僅只從上市公司的一個基本面特徵（如示例的：發明專利數量）進行選股，再進行有效前沿最優化建模權重後：

「年化收益率 54%，波動性 36%，最大夏普比率 1.48」

對比之前的結果，我們在使用專利總數作為變量進行選股的情況下，並使用均值方差模型以及有效前沿方法最優化權重後，得到的最大化夏普比率最大值為 1.48，相比之前六支股票的投資組合夏普比率下降較多。

然而，由於我們選擇的邏輯是某種不同於收益率自身的變量——「專利數量」，而且觀測的是 2022 年的專利數量，但統計的是 2023 年的優化夏普比率。因此，在這個意義上，雖然三支股票構建的優化投資組合帶來的夏普比率和年化收益率相比之前構建的投資組合更遜色，但其實可能具有更優的可預測性和樣本外表現，而具體是否真的有更優的可預測性和樣本外表現，我們在後續的章節會進行詳細的討論。

波動率計算

Tsay（2013）：波動率（Volatility）指的是資產價格的波動強弱程度。相比其他的數據，金融領域從資產收益率中看出波動率的一些特徵（正常情況下）：

1. 存在波動率聚集（Volatility Clustering）；
2. 波動率隨時間連續變化，一般情況下較少出現波動率的跳躍式變動；
3. 波動率一般在固定的範圍內變化，意味着動態的波動率在很多資產收益率類別中表現是平穩的；
4. 在資產價格大幅上揚和大幅下跌兩種情形下，波動率的反映不同，大幅下跌時波動率一般也更大，這種現象稱為杠杆效應（Leverage Effect）。

歷史波動率 (Historical Volatility，HV)

$$HV = \sqrt{\frac{\sum_t^T (R_t - \bar{R})^2}{T-1}}$$

實現波動動率（Realized Volatility,RV）

RV 比較常用於分析高頻的收益波動情況，比如利用一天內所有的收益率，如按每分鐘統計，則估計一天的收益率方差即為實現波動率。

$$RV = \sum_{i=1}^{m} (P_{t,i} - P_{t,i-1})^2$$

需注意區分的符號表示，t 在以上 RV 公式中表示當日，而 i 表示高頻收益率數據的恆定間隔，如分、秒等。

隱含波動率（Implied Volatility，IV）

隱含波動率計算通常是將市場上的權證交易價格帶入 B-S 權證理論價格模型，反推出波動率數值。香港市場業界也常叫做「引申波幅」。

$$C = S \times N(d_1) - Le^{-rT}N(d_2)$$

其中

$$d_1 = \frac{ln\frac{S}{L} + (r + 0.5 \times \sigma^2)T}{\sigma \times \sqrt{T}}, d_2 = d_1 - \sigma \times \sqrt{T}$$

C 為期權初始合理價格；L 為期權交割價格；S 為現貨價格；T 為期權有效期；r 為連續複利計算的無風險收益率國；σ^2 為年度化方差。

以下為 VIX 指數（標普 500 指數 30 天年化隱含波動率）：

圖 2-9

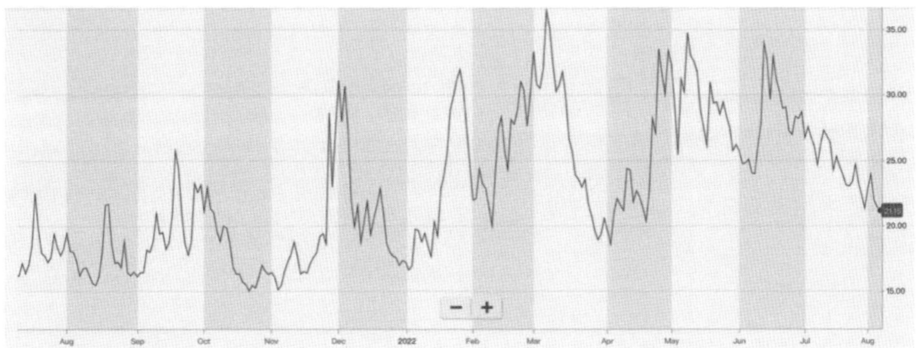

數據來源：雅虎財經（Yahoo Finance）

我們在後續章節中，通過獨立章節再詳細介紹時間序列波動率的模型以及實戰應用。

在本章中，我們首先瞭解了金融數據常見的三種方式，即截面數據、時間序列數據和面板數據。在選擇金融建模的模型之前，需要對數據類型進行判斷。從而為下一步的計量和分析進行預先判斷。

我們考察了投資中常見的收益率的時間序列數據。針對收益率數據的金融建模，我們可以對收益率分佈進行識別，從分佈特徵來描述金融資產。其中較為常見的識別，我們會檢驗收益率的分佈是否符合某些常規分佈，並且計算金融資產分佈的偏度和峰度。其中偏度涉及對金融資產期望收益率以及分佈的對稱性觀察，而峰度則是對金融資產收益率的集中和離散趨勢的波動率以及尾部特徵的觀察。

其次，我們還可以通過均值 / 方差模型，對每個投資組合的（收益，方差）建立投資機會集合，並通過在每個方差值獲取最高的期望收益值，從而構建出機會集合的有效前沿，優化出風險收益比高的投資組合。

我們通過收益率數據以及對應的 Python 代碼實戰，可以對金融資產的收益率分佈進行求解，以及構建夏普比率優化的投資組合。均值方差模型的有效前沿求解，是進行大類資產配置以及進行投資組合優化的核心建模方法。

然而，僅針對收益率的分佈和均值方差進行的金融建模方式，雖然我們有期望收益以及波動性風險的刻畫，可以對收益和風險的組合進行優化。但僅對收益率數據的均值方差的模型分析，而沒有再進一步的去考察，收益和風險會被哪些因素驅動。要瞭解這方面的問題，我們在第四章再進入迴歸分析，建立對收益率的影響因素的計量考慮。

第三章

債券數據分析

在本章中，我們將對債券進行分析。債券的定價通常是透過現金流折現模型，與各類資產在定價核的概念上是可以統一的。但在實際應用中，例如 WACC 模型對股權成本和債權成本的衡量，債券通常可透過現金流折現的方法來求解到期收益率，而股票的定價則通常使用資本資產定價模型的單變量迴歸來求解。鑑於這樣的差異，我們將債券數據分析在本章進行分析。在債券分析章節後，再進入迴歸分析和因素模型。

貨幣的時間價值與債券定價

本小節將貨幣的時間價值與常規的債券定價模型綜合到一起，因為兩者具有類似的通過淨現值和現金流折現等方式進行表述。

首先考慮最簡單的零息債券的情況，可以得出以下關係：

$$(\frac{F}{P})^{\frac{1}{K}} - 1 = YTM$$

其中 K 為離到期日的年限，P 為購入價格，F 為面值。YTM 為債券的到期收益率。從該方程可以得知，到期收益率是債券價格的一個函數。

在考慮持有期間派發利息的情況，則需要考慮金錢的時間價值。令投資者在購入時的價格 P 等於持有期間、包括到期時的所有現金收入按照利率 y 貼水到購入時刻的現值。設面額為 F，售價為 P，共派息 k 次，到期收益率為待定的 y，y 對應的時間區間為兩次派息之間的時間區間，各次派息額為$C1, C2, . . . , Ck$，則方程為：

$$P = \frac{C_1}{1+y} + \frac{C_2}{(1+y)^2} + \cdots + \frac{C_k}{(1+y)^k} + \frac{F}{(1+y)^k}$$

該公式的邏輯與計算貨幣的時間價值的 *NAV* 和 *IRR* 邏輯一致，其中，P 是債券未來現金流的貼現值，包括每期的利息和終期的面值，y 類似於 *IRR*。*NAV* 和 *IRR* 可以互相推算。

計算 *IRR* 的項目應用中，如果已知投入成本以及投資回報的未來現金流，可以推算出 *IRR* 值。將 *IRR* 與自身融資成本進行比較，進行投資決策。或者將折現率設定為已知，將投資現金流按折現率代表的時間價值利率進行折現後得出 NAV。通過比較 NAV 與項目成本的差異，進行投資決策。

所以債券定價在時間價值模型的框架下，通過到預期的到期收益率 *YTM* 求理論價格 *P*，本質上也是為債券投資提供 *NAV* 淨現值角度的比較，將理論價格和實際市場交易價格進行比較可以推算交易機會。

圖 3-1

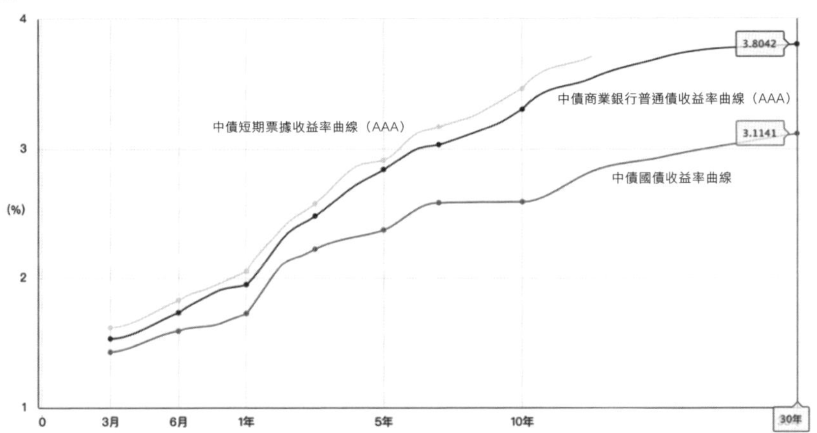

數據來源：中央國債登記結算有限公司

通過以上的公式，進一步我們可以知道票息的現值的計算為：

$$C \times \left(\frac{1-\frac{1}{(1+r)^n}}{r}\right)$$

假設某一風險類別（如同一評級）債券的市場預期的收益率為 6%，則半年收益率為 3%。按 3% 的貼現利率，可以計算票息的現值為：

$$50 \times \left(\frac{1-\frac{1}{(1+3\%)^n}}{3\%}\right) = 50 \times \left(\frac{1-\frac{1}{3.262}}{0.03}\right) = 1155.739$$

面值的現值：

$$\frac{1000}{(1.03)^{40}} = \frac{1000}{3.262} = 306.557$$

債券按現值定價為：1,462.295（票息現金流折現＋最後一期本金折現）。

假設因為市場原因，投資人對投資級別債券的市場預期收益提高到 10%：

$$50 \times \left(\frac{1 - \frac{1}{(1+5\%)^n}}{5\%} \right) = 50 \times \left(\frac{1 - \frac{1}{7.040}}{0.05} \right) = 857.954$$

$$\frac{1000}{(1.05)^{40}} = 306.557$$

債券按現金流定價為：306.557+857.953=1,164.51

同理，如果對不含期權的零息債券定價：

到期年期 5 年，面值 100，零息債券，半年付息，收益率 5%。

債券定價為：78.120

付息債券的零息分解：

假設票面利率 5%，面值 100，2 年期，按年付息。

可以分解為：

（1）票面利率 0，面值 100，兩年期；

（2）票面利率 0，面值 5，一年期；

（3）票面利率 0，面值 5，兩年期。

我們可以把一個付息債券，分解為多個零息債券。零息債券是理解即期收益率的重要概念。假設到期年期為 5 年，面值 100，票息率為 0，半年付息，價格為 70，對應的到期收益率是 7.262%。

7.262% 被稱為債券「5 年期、面值 100、票息率為零、半年付息、價格 70」的即期收益率（Spot Rate）。

到期收益率的計算

牛頓迭代法：

$$\mathrm{YTM_{m+1}} = \mathrm{YTM_m} - \frac{f(\mathrm{YTM_m})}{f'(\mathrm{YTM_m})}$$

現值方程 $f(\mathrm{YTM})$：

$$\mathrm{P} = \sum_{\mathrm{n=1}}^{\mathrm{T}} \mathrm{C_n}/\,(1+\mathrm{YTM})^{\mathrm{n}} + \mathrm{F}/(1+\mathrm{YTM})^{\mathrm{n}}$$

F 為債券面額，P 為債券價格，C 為債券每期利息，N 為期數。

將現值方程式函數設為內層函數 u（x）與外層函數 v（u）：

$$u = 1 + YTM\ \ ；v(u) = \frac{C}{u^n}$$

對 v（u）關於 u 求導，然後乘以 u 關於 YTM 的導數，即：

$$\frac{du}{dYTM} = 1$$

對利息 C 折現和 F 面值的折現同時使用冪規則和鏈規則求導，可得：

$$\frac{dP}{dYTM} = -\sum_{n=1}^{N} \frac{n \times C}{(1+YTM)^{1+n}} - \frac{N \times F}{(1+YTM)^{N+1}}$$

前向差分公式求導數近似值：

$$f'(YTM) = \frac{f(YTM + \Delta YTM) - f(YTM)}{\Delta YTM}$$

債券價格與收益率的關係

債券的一個基本特徵是其價格與市場預期的 *YTM* 呈反比，原因在於預期收益率以折現的方式出現在投資人的決策模式中。

假設票息率固定為 10%，年期固定為 20 年的債券，發行面值為 1,000。觀察預期（要求）收益率與價格的關係：

收益率	價格（人民幣）
4.5%	1,720.32
5%	1,627.57
5.5%	1,541.76
6%	1,462.3
6.5%	1,388.65
7%	1,320.33
7.5%	1,256.89
8%	1,197.93
8.5%	1,143.08
9%	1,092.01
9.5%	1,044.41
10%	1,000
10.5%	958.53
11%	919.77
11.5%	883.5
12%	849.54

票息率、收益率與價格

由於票息率是在發行的時候確定的，所以當市場參與者對債券收益率的觀點發生變化時，唯一能夠相應做改變以補充對應時間點投資人的新的收益率觀點就是債券的價格。

因此，債券價格的波動行為本質上可以理解為是投資人對債券的預期收益率與債券票息之間差額而引起的變動。

當市場預期收益率超過票息率的時候，債券價格會下跌，以便於這個時間點的投資人獲取對應預期市場收益率（超過票面息率）；當市場預期收益率低於票息率的時候，債券價格會相應上升，以便於這個時間點的投資人獲取對應的預期市場收益率（低於票息率），也使之前時點的投資人得到跨時間的收益補償。

所以，市場的預期（或表述為「市場要求」）收益率的變化與票息率的相對大小關係，影響了債券價格是高於或低於面值。

債券價格與到期時間的關係

以上我們探討了市場對預期收益率的觀點會影響債券價格。如果我們固定預期收益率的觀點不變，則也可以觀察到，隨着到期時間的變化，也會相應的影響債券價格。而這個波動來自於貨幣的時間價值原理。

到期時間（年）	債券價格（人民幣）	
	預期收益率 12%	預期收益率 7.8%
10	885.30	1,150.83
9	891.72	1,140.39
8	898.94	1,129.13
7	907.05	1,116.97
6	916.16	1,103.84
5	926.40	1,089.67
4	937.90	1,074.37
3	950.83	1,057.85
2	965.35	1,040.02
1	981.67	1,020.78
0	1,000.00	1,000.00

所以雖然影響債券價格的因素有很多，總的來説，我們在進行風險管理和分析的過程中，可以將複雜的因素簡化為這些因素對預期收益率觀點的影響。

比如，發行人或者發行人所處行業的信用質量變化，會引起市場投資人的預期（要求）收益率的變化，索取更高的風險報酬，從而導致價格變化；或者宏觀政策、市場利率、可比債券的收益率等因素的變化影響了定價基準或可比基準，也會引起市場投資者的預期（要求）收益率的變化；另外，即使在預期收益率的觀點沒有發生變化的情況下，純粹考慮年期的變化，也會引起的債券價格變化。

債券價格的波動性與價格彈性

為觀察債券價格的波動性特徵，我們可以構建一個債券價格的觀察矩陣，其中設定面值為 100 美元，票息半年支付 1 次；

每一列的觀察值為以下六支債券在不同收益情況下的價格（按現金流折現計算觀察值）：

- 票息率 9%，5 年到期；
- 票息率 9%，25 年到期；
- 票息率 6%，5 年到期；
- 票息率 6%，25 年到期；
- 票息率 0%，5 年和 25 年到期。

到期時間	5	25	5	25	5	25
預期收益率 / 票息率	9%	9%	6%	6%	0%	0%
6%	112.637	138.350	100.000	100.000	74.726	23.300
7%	108.200	123.307	95.900	88.346	71.299	18.425
8%	103.993	110.675	92.015	78.650	68.058	14.602
8.5%	101.970	105.117	90.148	74.415	66.505	13.009
8.9%	100.390	100.990	88.691	71.282	65.292	11.866
8.99%	100.039	100.098	88.367	70.607	65.023	11.623
9%	100.000	100.000	88.331	70.532	64.993	11.597
9.01%	99.961	99.902	88.295	70.458	64.963	11.570
9.1%	99.612	99.026	87.973	69.795	64.696	11.334
9.5%	98.080	95.281	86.561	66.968	63.523	10.343

（續上表）

1%	96.209	90.923	84.837	63.692	62.092	9.230
11%	92.608	83.157	81.521	57.891	59.345	7.361
12%	89.186	76.471	78.371	52.941	56.743	5.882

進一步觀察當預期（要求）收益率變化的時候，債券價格的變化：

到期時間		5	25	5	25	5	25
預期收益率 / 票息率	價格敏感性	9%	9%	6%	6%	0%	0%
6%	-300 基點	12.637	38.350	11.669	29.468	9.733	11.703
7%	-200 基點	8.200	23.307	7.569	17.814	6.305	6.828
8%	-100 基點	3.993	10.675	3.684	8.118	3.065	3.005
8.5%	-50 基點	1.970	5.117	1.817	3.882	1.511	1.413
8.9%	-10 基點	0.390	0.990	0.360	0.750	0.299	0.269
8.99%	-1 基點	0.039	0.098	0.036	0.074	0.030	0.027
9%		100.000	100.000	88.331	70.532	64.993	11.597
9.01%	1 基點	-0.039	-0.098	-0.036	-0.074	-0.030	-0.027
9.1%	10 基點	-0.388	-0.974	-0.358	-0.737	-0.297	-0.263
9.5%	50 基點	-1.920	-4.719	-1.770	-3.564	-1.470	-1.254
1%	100 基點	-3.791	-9.077	-3.494	-6.840	-2.901	-2.367
11%	200 基點	-7.392	-16.843	-6.811	-12.641	-5.648	-4.236
12%	300 基點	-10.814	-23.529	-9.960	-17.591	-8.250	-5.714

債券波動性的度量，通常使用基點值（price value of basis point, PVBP），也叫作一個基點的貨幣價值，是要求的收益率變動一個基點時，債券價格的變動量。

進一步，我們可以考察不同類別的債權，其基點值的特徵差異（見下頁表格）。

通過考察不同債券類型的情況，可以得出的結論是：

（1）同樣年期的情況下，票息越高，波動性基點值越大；

（2）同樣票息的情況下，年期越長，波動性基點值越大。

債券類型	初始價格（收益率 9%）	價格（收益率 9.01%）	基點值
票息 9%，5 年期	100.000	99.961	0.039
票息 9%，25 年期	100.000	99.902	0.098
票息 6%，5 年期	88.331	88.295	0.036
票息 6%，25 年期	70.532	70.458	0.074
票息 0,5 年期	64.993	64.963	0.030
票息 0,5 年期	11.597	11.570	0.027

所以，在投資長年期和高票息的資產時，除了資產本身信用評估對應的風險溢價之外，如果考慮更高的價格波動性的風險溢價，會把低信用的融資成本再進行推高。基於此，很多投行或者商業銀行，也會推出相關的衍生品用於投資者的風險管理，降低波動性，為發行人提供更好的融資條件。

久期

我們考慮對債券價格的公式進行求導：

$$\frac{dP}{dy}=\frac{(-1)C}{(1+y)^2}+\frac{(-2)C}{(1+y)^3}\dots+\frac{(-k)C}{(1+y)^{k+1}}+\frac{(-k)F}{(1+y)^{k+1}}$$

把上式整理一下：

$$\frac{dP}{dy}=\frac{1}{1+y}[\frac{1C}{(1+y)^1}+\frac{2C}{(1+y)^2}\dots+\frac{kC}{(1+y)^k}+\frac{kF}{(1+y)^k}]$$

表示的是當收益率發生很小的變化時，債券價格的近似變動量。把方程兩邊同時除以 P，就得到價格的近似變動率：

$$\frac{dP}{dy}\times\frac{1}{P}=\frac{1}{1+y}\left[\frac{1C}{(1+y)^1}+\frac{2C}{(1+y)^2}\dots+\frac{kC}{(1+y)^k}+\frac{kF}{(1+y)^k}\right]\times\frac{1}{P}$$

其中的部分：

$$\left[\frac{1C}{(1+y)^1}+\frac{2C}{(1+y)^2}\dots+\frac{kC}{(1+y)^k}+\frac{kF}{(1+y)^k}\right]\times\frac{1}{P}$$

被稱為麥考利久期，通常也寫為一下形式：

$$麥考利久期=\frac{\sum_{t=1}^{k}\frac{tC}{(1+y)^t}+\frac{nM}{(1+y)^n}}{P}$$

$$\frac{dP}{dy}\times\frac{1}{P}=\frac{1}{1+y}\times 麥考利久期$$

左邊的部分，通常也被稱為修正久期

$$修正久期=\frac{1}{1+y}\times 麥考利久期$$

麥考利久期代表的經濟意義在於，適用加權平均的形式計算債券的平均到期時間。

假設債券面值 100，票息 3%，期限 3 年，預期收益率 15%，當價格 P=72.6，可由折現公式計算久期：

$$(\frac{1\times 0.03}{(1+0.15)^1}+\frac{2\times 0.03}{(1+0.15)^2}+\frac{3\times 0.03}{(1+0.15)^3})/72.60=2.71$$

可以觀察到，除了零息債券以外，債券的久期通常是小於到期日的。原因在於久期考慮了到期年限內的期間，投資人會分批收回現金流，實際收回投資的時間不是 3 年。採取加權的辦法更準確的描繪了投資回收期。這是久期產生的初始目的。但在現在的債券交易中，久期的重要性已經不止於此，更是衡量債券風險波動性的主要觀測值。

投資組合的久期

將久期進行加權後，以下投資組合的組合久期為 4.85。也可以直觀的理解為該名基金經理做的債券組合配置，平均而言按久期對應的時間預期可以收回票息和本金。久期貢獻度為該債券的權重直接乘以該債券的久期，如「** 能源」的對投資組合的久期貢獻為 0.25*4=1。

考慮 1,000,000,000 美元的債券投資組合				
債券	市值	組合權重	久期	組合久期貢獻度
** 能源	25	0.25	4	1
** 地產	10	0.1	2	0.2
** 城投 / 市政	40	0.4	6	2.4
** 科技	25	0.25	5	1.25
組合久期				4.85

久期通過其方程的表示，是收益率變動對價格變動影響的近似百分比。所以通過觀察投資組合的久期，也可以評估持有該債券組合的波動性風險。

在這裏我們區分一下，在討論債券波動性和股票波動性的時候，我們切入邏輯的差異。債券角度，如果投資參與者們對債券收益率的觀點與票息率一致，則不會有驅動力引起債券的波動，所以債券波動相對於股票的隨機性而言，暗含了投資人的收益率觀點與票息率差異帶來的波動性驅動。

由於是一個因素引起另一個因素的變動，我們在分析的時候，則可以使用經濟學裏面常用的一些方法邏輯，比如求導和彈性，當然在債券部分有不同的定義和經濟意義。

當然我們也可以説股票的波動的本質也是投資人對收益率觀點的變化為因的，雖然底層的機理會有差異。而收益率觀點或效用的方式，在構建定價模型和投資組合模型的時候也會較常用。

可以通過觀察久期貢獻度，調整投資組合，達到組合的久期目標。

久期與價格近似變化

重新觀察修正久期的方程式：

$$\frac{dP}{P} = -\text{修正久期} \times dy$$

舉一個例子，一支債券 25 年期、票息率 6%、價格為 70.357、收益率為 9%，可以計算出該債券的修正久期為 10.62。

如果收益率從 9% 上漲到 9.1%，我們可以用修正久期進行近似的百分比變化計算：

$$10.62 \times 0.001 = 0.0106$$

即債券價格下降 0.0106，當收益率上漲 0.001。

從這裏我們可以看出，久期不單單是一個回收現金流的加權到期時間的概念，也是度量收益率與價格變化的近似斜率。

但需要注意的是，久期只是近似變化率，相當於在曲線的變化關係中構造了一條線性關係，可以用於簡易的分析債券的波動性風險。即收益率變化對投資人持有該債券價格的影響，從而評估投資人資產負債表的債券資產的市場價格（market to market）的風險。

如果我們通過現金流折現的最準確的方式來計算，會發現久期會有誤差，當收益率變化越大，這個誤差也就越大。

凸性

久期試圖用直線估計出價格與收益率的變化關係，但實際上會存在誤差。為了更好地估計收益率變化時，債券價格的變化。我們使用泰勒展開式的前兩項估計價格的變化：

$$dP = \frac{dP}{dy}dy + \left(\frac{1}{2}\right)\frac{d^2P}{dy^2} + \varepsilon$$

等號兩邊除以 P，可以得到價格變化的方程式：

$$\frac{dP}{P} = \frac{dP}{dy}dy\frac{1}{P} + \left(\frac{1}{2}\right)\frac{d^2P}{dy^2}\frac{1}{P} + \varepsilon\frac{1}{P}$$

實際上，等號右邊的第一項就是修正久期的測度，而第二項則是凸性測度：

$$凸性測度 = \frac{d^2P}{dy^2}\frac{1}{P}$$

價格方程式求二階導數可知：

$$\frac{d^2P}{dy^2} = \sum_{t=1}^{n}\frac{t(t+1)C}{(1+y)^{t+2}} + \frac{n(n+1)M}{(1+y)^{n+2}}$$

在實際測度凸性的計算中，通常使用近似的計算公式：

$$凸性測度 = \frac{P_- + P_+ - 2P_0}{2 \times P_0 \times (\Delta y)^2}$$

以 9% 票面利率，20 年到期期限，半年付息，假設該債券在彭博終端通過交易台的報價為 *YTM* 收益率 6%，當前價格為 134.672。當 *YTM* 收益率變化 200 個基點時，該債券的價格分別為 168.388 和 109.896，則：

$$凸性測度 = \frac{109.896 + 168.388 - 2 \times 134.672}{2 \times 134.672 \times (0.02)^2} = 82.99$$

根據凸性測度，可以計算凸性調整值為：

$$\frac{1}{2} \times 82.99 \times 0.02^2 = 0.0166$$

另外，可以通過票息率、到期年限、收益率計算出久期為 10.66。因此，我們將久期和凸性一併考慮後，可以解釋當 *YTM* 收益率從 6% 上升到 8% 的時候，久期調整的價格變化為 -10.66*0.02=-21.32%。凸性調整的價格變化為 1.66%，所以加總為 -19.66%。即該債券，在收益上升 2% 的時候，價格會從 134.672 下降到 108.195。

假設我們作為一個債券投資者組合經理，當發現你向市場報價 *YTM* 上漲到 8% 的時候，債券價格為 105，你會怎麼做？如果對應債券價格為 115，又應該如何考慮？假設你是一家銀行的交易台交易員，主管分配一個債券投資組合給你，包含 5 至 10 支債券，你會如何向主管匯報該債券投資組合的風險對公司資產負債表的影響？

利差

兩支債券的收益率之差被稱為利差（Yield Spread）：

利差 = 債券 A 的收益率－債券 B 的收益率

當債券 A 為非基準債券，債券 B 為基準債券的時候，利差也稱基準利差（Benchmark Spread）：

基準利差 = 非基準債券收益率－基準債券收益率

基準利差是比較常用的評估價格的利差方式，又分為 G-spread 和 Z-spread。其中，G-spread 指的非基準債券的名義收益率減去基準債券名義收益率，Z-spread 則指非基準債券的即期利率減去基準債券的即期利率。

即期利率（Spot Rate）：該債券按零息債券計算的到期收益率

此外也可以用比值的方法：

相對利差 =（債券 A 的收益率－債券 B 的收益率）/ 債券 B 的收益率

在業界的實踐中，作為債券發行人或者投行，對債券進行定價的時候，考慮基準利差比較常見。

影響基準利差的因素主要有：

1. 發行人類型

在業界的實踐中，對待發行通常會按照該發行人所處的市場類別首先進行基本利差的框定，國際慣例而言，比如國債市場、市政債市場、公司債市場、高收益債市場。不同種類的債券，相對於基準利率的基差區間不同。

2. 預期的信用質量

在同一個市場板塊內的債券，通常在參考信用質量進行評價，國債與除了信用質量以外其他方面都相同的非國債之間的利差，名詞上通常稱為信用利差（Credit Spread）。

在業界實踐中，信用利差、基準利差通常混用，或者沒有進行很明確區分，但究其定義：「除了信用質量以外的其他方面都相同」。

在實踐中，通常使用三大國際評級機構的評級，進行信用質量評估，從而預估信用利差的情況。

3. 期權調整利差

含權的債券，通常會使用期權調整利差（Option Adjusted Spread, OAS）進行調整。

當我們在市場上，觀察到高評級的債券信用利差大於低評級的債券時候，在排除市場因素及其他因素後，比較直觀的再去看債券的發行條款是否包含如，贖回權（Call Option）、回購 (Repo)、轉股權（Convertible）等等。

4. 流動性與市場便利度

不同類別的債券在不同的國內和國際範圍內市場的流動性有差異，業界通常也描述為某一類待發行固定收益證券的市場流動性深度，越有流動性深度的市場，越具有便利性的市場，定價則越有優勢。

Python 實戰代碼

```
# 首先導入 Python 的 numpy 和 pandas 庫以及優化求解器 scipy.opimize
import numpy as np
import pandas as pd
```

```
import scipy.optimize as optimize
# 設置要計算的債券數據
face_value = 100
market_price = 90
coupon_rate = 0.08
market_rate = 0.09
payment_freq = 2
remaining_years = 2.5
# 計算每個付息期間的現金流量
cash_flows = [face_value * coupon_rate / payment_freq] *
(int(remaining_years * payment_freq))
cash_flows[-1] += face_value
# 定義函數來計算債券價格
def bond_price(ytm):
return np.sum([cf / ((1 + ytm/payment_freq) ** (i+1)) for i, cf in
enumerate(cash_flows)])
# 使用 scipy 庫中的 optimize 庫來計算債券的 YTM
ytm = optimize.newton(lambda y: bond_price(y) - market_price,
0.05)
# 計算債券的麥考利久期和凸性
macaulay_duration = np.sum([cf * (i+1) / bond_price(ytm) for i, cf in
enumerate(cash_flows)])
convexity = np.sum([cf * (i+1) * (i+2) / bond_price(ytm) for i, cf in
enumerate(cash_flows)]) / ((1 + ytm/payment_freq) ** 2)
# 輸出結果
print("債券麥考利久期為：{:.2f} 年".format(macaulay_duration/
payment_freq))
print("債券凸性為：{:.2f}".format(convexity))
```

債券投資風險控制 - 利率掉期工具為例

假設銀行以基準利率 + 固定利差的方式吸收存款，然後買入固定息率的債券進行投資。

另外一間保險公司以固定息率的年金發行保險產品，然後將資金買入基準利率 + 利差的債券產品。

兩間金融機構在一家投行、券商的撮合下，進行利率互換交易，對衝各自投資端的風險頭寸：

固定收益支付方◄————————►浮動收益支付方

為了進一步對利率互換進行定價分析，我們引入即期收益率和遠期收益率的概念。

即期收益率 $r(t)$，是 t 期的零息債券的到期收益率；

遠期收益率 $f(t_1,t_2)$ 是截取兩個時間點之間的遠期收益率，複利的情況下：

$$f(t_1,t_2)=\frac{(1+r(t_2))^{t_2}}{(1+r(t_1))^{t_1}}-1$$

即期利率 $r(t)$，已知是 t 期的零息債券。通過零息國債的價格計算，或觀察即期收益率率曲線得出。

通過即期收益率計算第一年、第二年、第三年所支付的固定收益的折現因子：

$$DF(t) = \frac{1}{(1 + r(t))^t}$$

假設互換合約為三年，每年結算。則是可以分別計算 *DF*（1），*DF*（2），*DF*（3）。

再計算遠期收益率 $f(0,1)$, $f(1,2)$, $f(2,3)$：

$$f(t_1, t_2) = \frac{(1 + r(t_2))^{t_2}}{(1 + r(t_1))^{t_1}} - 1$$

計算定價結果 R：

$$R \times \left(DF(1) + DF(2) + DF(3)\right)$$
$$= f(0,1) \times DF(1) + f(1,2) \times DF(2) + f(2,3) \times DF(3)$$

收益率曲線

收益率曲線是到期收益率與債券到期時間的關係，可以說是市場上國債投資人對宏觀經濟的觀點的集合，所以觀察國債收益率曲線可以評估當前的經濟情況。

圖 3-2

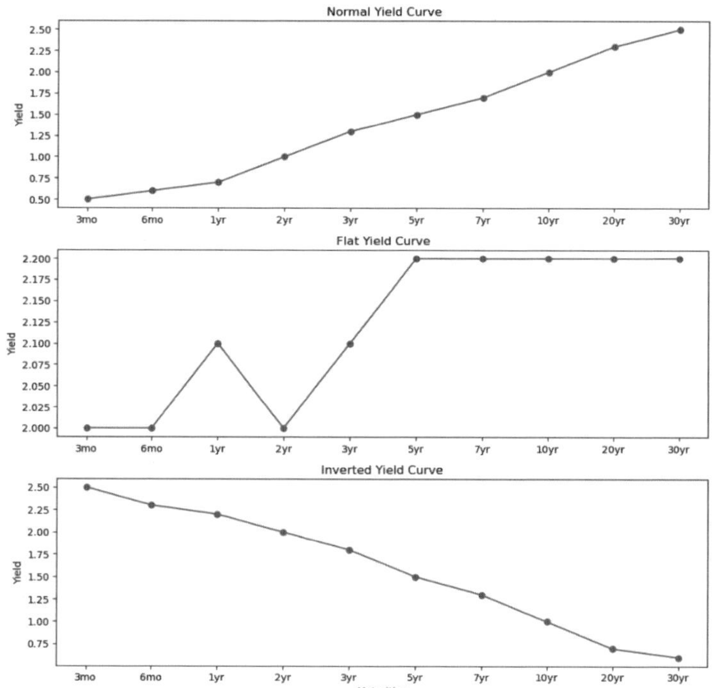

圖片來源：本書使用 Python/matplotlib 繪製

常規情況（Normal Yield Curve）

說明投資人對經濟狀況的判斷是正常的，即認為一個債券如果期限長則風險高，期限短則風險低，所以收益率曲線呈現向上趨勢。

平坦的收益率曲線（Flat Yield Curve）

平坦的收益率曲線包含兩種意義：

1. 投資人的集合觀點認為短期的風險和長期的風險類似，即在當下的短期，經濟的不確定和衰退風險較大；
2. 平坦也代表一種趨勢，一種是從平坦回到正常的收益率曲線，經濟回穩，另一種則是從正常過渡到收益率曲線反轉，代表經濟衰退風險增大。

收益率曲線倒掛（Inverse Yield Curve）

倒掛的收益率曲線通常產生於：

1. 短期加息預期下或；
2. 投資人對宏觀經濟的長期看法較為悲觀。

收益率曲線的移動

從構造投資策略的角度，收益率曲線移動的對現有經濟狀態中的各類資產和現金流的衝擊，是值得重要關注的。

圖 3-3

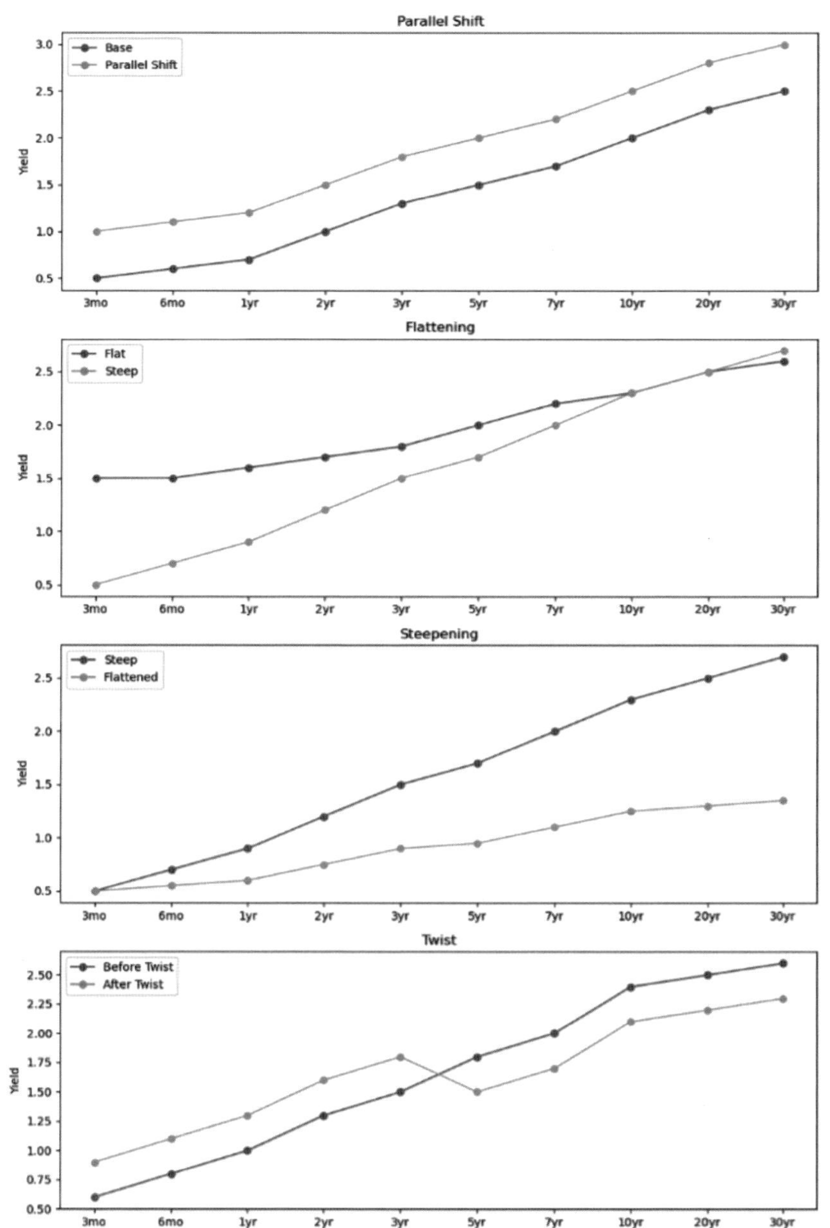

圖片來源：本書使用 Python/matplotlib 繪製

收益率曲線的變動分為：

1. 平行移動

2. 非平行移動 (平坦變動，陡峭變動，以及扭式變動)

通過觀察曲線在短期、中期、長期收益率的部分是變的陡峭還是平坦，我們可以對應使用利差套利的原理，進行操作。在變平坦的時候做多利差，即預期收益率利差會變大，往常規水平運動；在變陡峭的時候做空利差，即預期收益率利差會變小，往常規水平運動。然而需要注意的是，設定了「收益率曲線有恢復原常規態的趨勢」的假設條件。

Python 實戰代碼

```
# 繪製收益率曲線
import matplotlib.pyplot as plt
import pandas as pd
maturities = ['3mo', '6mo', '1y5r', '2yr', '3yr', '5yr', '7yr', '10yr', '20yr', '30yr']
normal = [0.5, 0.6, 0.7, 1.0, 1.3, 1.5, 1.7, 2.0, 2.3, 2.5]
flat = [2.0, 2.0, 2.1, 2.0, 2.1, 2.2, 2.2, 2.2, 2.2, 2.2]
inverted = [2.5, 2.3, 2.2, 2.0, 1.8, 1.5, 1.3, 1.0, 0.7, 0.6]
fig, axs = plt.subplots(3, figsize=(10, 10))
axs[0].plot(maturities, normal, marker='o')
axs[0].set(ylabel='Yield',title="Normal Yield Curve")
axs[1].plot(maturities, flat, marker='o')
axs[1].set(ylabel='Yield',title="Flat Yield Curve")
axs[2].plot(maturities, inverted, marker='o')
axs[2].set(xlabel='Maturities', ylabel='Yield', title="Inverted Yield Curve")
plt.tight_layout()
```

```
plt.show()

# 觀察收益率曲線衝擊與宏觀經濟分析
import numpy as np
import matplotlib.pyplot as plt
import pandas as pd
import matplotlib.dates as mdates
from mpl_toolkits.mplot3d import Axes3D
# 將 CSV 文件載入到一個 pandas DataFrame 中，假設數據文件名為
data.csv
data = pd.read_csv(file path/ 第三章 / 國債收益率曲線數據 .csv')
# 將字符串日期轉換為日期時間類型
dates = pd.to_datetime(data['date'])
# 將日期時間類型轉換為數值型數據
time = mdates.date2num(dates)
# 年期列
duration = data['year']
# 收益率列
yield_rate = data['yield']
fig = plt.figure()
ax = fig.add_subplot(111, projection='3d')
ax.plot_trisurf(duration, time, yield_rate)
ax.set_xlabel('Duration')
ax.set_ylabel('Time')
ax.set_zlabel('Yield Rate')
ax.set_title('Yield Rate Surface')
plt.savefig('/Users/xiaoquanliu/Desktop/yield_rate_surface.png')
```

收益率曲線與宏觀經濟觀察

我們使用國泰安數據庫為本書提供的中國國債日頻率收益率價格數據，該數據獲取了從 2002 年至 2023 年不同年期的國債每日的到期收益率。通過以上代碼的運行可以通過國泰安的數據繪製出 2002 至 2023 年中國國債收益率曲線的三維曲面圖。其中 X 軸是債券年期（Duration），Y 軸是報價日期（Time），Z 軸是對應年期的國債在該日的到期收益率價格。事實上，這個三維圖是收益率曲線平移變化的一個概覽。

圖 3-4

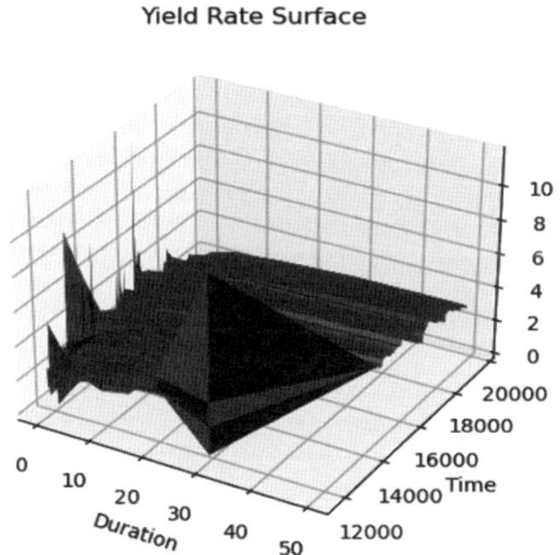

圖片來源：本書作者使用 Python 代碼繪製；
數據來源：國泰安 CSMAR 數據庫

在兩個時間段，主要是在 2008 年國際金融危機的情緒擴散階段，可以明顯的看到收益率曲線倒掛的情況，即 X 軸短債券年期在 Z 軸的收益率高，長債券年期在 Z 軸的收益率低。這種情況代表在這段時間，宏觀經濟的恐慌度高，資金看多短期風險資產（如信用債，股市等），看空中長期風險資產，而對國債等無風險資產的期限偏好正好相反，導致短期債券的價格和長期債券價格倒掛。通過收益率曲線移動的觀察，可以反映出宏觀經濟在對應時段可能面臨下行風險。

在 2002 年至 2008 年期間，以及 2008 年後情緒之後，中國經濟高速發展階段，可以看到收益率曲線呈現短期低長期高的正常曲線狀態，而且長期的收益率相對短期呈現更大的利差，說明這段時間整體經濟情緒高昂，大家對長期和未來充滿信心。

觀察近三年，包括疫情期間和房地產債務問題的疊加下，中國國債收益率曲線呈現偏向平坦的情況，但並未出現倒掛，則說明這段時間的宏觀經濟談不上衰退或者悲觀。然而，平坦的收益率曲線通常也是一個警示，因為平坦孕育着下一階段變化的不確定性，即有可能變為正常的積極狀態，也有可能變為異常的倒掛狀態。

中資美元債與境外人民幣債概覽

根據 2022 年 9 月 23 日採集的數據，中資境外美元債的存量規模為 12,323 億美元，折合人民幣約為 85,000~90,000 萬億人民幣。

原來佔比較大的房地產板塊存量降至 1,816 億，佔比 14.7%，金融債 3942 億，佔比 31.9%：

分組名稱	債券餘額（億 / 美元）	餘額佔比（%）	發行支數	支數佔比（%）
工業	882.23	7.16	470	12.76
房地產	1,816.48	14.74	559	15.18
金融	3,942.20	31.99	1,140	30.96
公用事業	249.64	2.03	57	1. 55
能源	420.54	3.41	60	1. 63
其他	3,735.44	30.31	1,139	30.93
材料	59.92	0.49	35	0.95
信息技術	571.85	4.64	97	2.63
可選消費	581.09	4.72	103	2.80
電信服務	4.50	0.04	1	0.03
醫療保健	10. 87	0.09	5	0.14
日常消費	48. 63	0.39	16	0.43
合計	12,323.39	100.00	3,682	100.00

圖 3-5

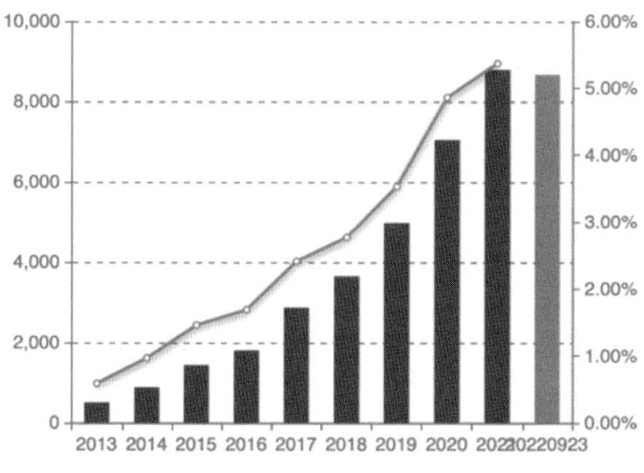

數據來源：國泰安 CSMAR 數據庫；萬得資訊（Wind）

我們可以觀察到，最新發行的中資美元債的情況：

新發行口徑

債券名稱	債務主體	Wind 一級行業	企業性質	幣種	發行結構	計劃發行規模（億）
愛奇藝 6% CB20270930	愛奇藝有限公司	信息技術	其他企業	USD		5.00
國銀租賃 FRN N20250929	CDBL FUNDING 2	金融		USD	跨境擔保	0.80
博新源國際 5.5% N20250928	博新源國際有限公司			USD	維好協議	1.00
蘇控集團 6.2% N20250927	江蘇中關村控股集團（國際）有限公司			USD	跨境擔保	2.00
中行澳門分行 3.04% N20250912	中國銀行（澳門）有限公司	金融		CNH		1.05
中行澳門分行 1.72% N20240922	中國銀行（澳門）有限公司	金融		CNH		0.28
暦城控股 6.3% N20250926	LICHENG INTERNATIONAL DEVELOPMENT CO LTD			USD	跨境擔保	1.10
天津軌道交通 6.2% N20230925	天津軌道交通城市發展有限公司			USD	跨境擔保	1.08
象嶼 5.7% N20250923	香港象嶼投資有限公司			USD	跨境擔保	3.00
未央城建 5.3% N20250923	西安未央城市建設集團有限公司	工業	地方國有企業	USD	備用信用證	0.77
中行澳門分行 2.38% N20260924	中國銀行（澳門）有限公司	金融		CNH		1.37
中行澳門分行 1.33% N20240827	中國銀行（澳門）有限公司	金融		CNH		0.35

從新發行的債券情況可以觀察到：地產資產類別幾乎已經沒有新發，發行人主要以金融機構、地方、市政、新經濟類型公司為主。

新發行且二級市場報價較為交投活躍口徑

債券名稱	債務主體	Wind 一級行業	發行結構	發行條款
中行澳門分行 1.33% N20240827	中國銀行（澳門）有限公司	金融		
中行澳門分行 2.38% N20260924	中國銀行（澳門）有限公司	金融		
未央城建 5.3% N20250923	西安未央城市建設集團有限公司	工業	備用信用證	
象嶼 5.7% N20250923	香港象嶼投資有限公司		跨境擔保	
珠光控股 12% N20250921	珠光控股集團有限公司	房地產		
柳州東城 7.5% N20250922	廣西柳州市東城投資開發集團有限公司	工業		Reg S
中信證券 4.15% N20230921	CITIC Securities Finance MTN Co., Ltd.	金融	跨境擔保	
晶科科技 4.8% N20250922	晶科電力科技股份有限公司	公用事業	備用信用證	Reg S
濟南經開 4% N20250822	濟南市經濟開發投資有限公司		備用信用證	Reg S
鄭州地產 5% N20250921	鄭州地產集團有限公司	工業		Reg S
上虞國資 5.2% N20250921	紹興市上虞區國有資本投資運營有限公司	工業		Reg S
建投國際 6.4% N20250921	建投國際（香港）有限公司		維好協議	
EFN 182D 230322	香港金融管理局			
EFN 91D 221221	香港金融管理局			
中信證券 4.15% N20230919	CITIC Securities Finance MTN Co., Ltd.	金融	跨境擔保	
港鐵公司 2.87% N20240912	香港鐵路有限公司	工業		
中行澳門分行 2.8% N20241209	中國銀行（澳門）有限公司	金融		

（續上表）

債券名稱	債務主體	Wind 一級行業	發行結構	發行條款
中行澳門分行 2.1% N20250928	中國銀行（澳門）有限公司	金融		
撫州數投 6% N20250816	撫州市數字經濟投資集團有限公司	工業	備用信用證	Reg S
現代服務業 5.45% N20250916	QINGLUN INTERNATIONAL BVI CO.LTD		跨境擔保	Reg S
建投國際 6.4% N20250916	建投國際（香港）有限公司		維好協議	
騰海控股 3.5% N20250916	江蘇騰海投資控股集團有限公司	可選消費	備用信用證	Reg S
銅仁市能源投資 6% N20230915	銅仁市能源投資有限公司			Reg S
工銀國際 2.95% N20240915	HORSE GALLOP FINANCE LIMITED	金融	跨境擔保	
紹興袍江創業建設發展 4.2% N20250915	紹興袍江創業建設發展有限公司		備用信用證	
凱基證券（香港） 5.95% N20221215	凱基證券（香港）有限公司			
連雲港港口 5% N20250616	山海（香港）國際投資有限公司		跨境擔保	
合景泰富集團 6% N20240114	合景泰富集團控股有限公司	房地產		Reg S
EFN 182D 230315	香港金融管理局			
華泰證券 2.85% N20250914	PIONEER REWARD LIMITED		跨境擔保	Reg S
圓山發展 5.29% N20250914	漳州圓山發展有限公司	工業	備用信用證	
宿遷經開 6.5% N20250914	宿遷經濟開發集團有限公司	金融		Reg S
濱海建投 7% N20230915	Zhaohai Investment（BVI）Limited		跨境擔保	Reg S
招銀國際 1.95% N20230913	招銀國際租賃管理有限公司	金融		
華泰證券 2.85% N20250914	PIONEER REWARD LIMITED		跨境擔保	

數據來源：中國經濟金融研究數據庫（China Stock Market & Accounting Rearch Database,CSMAR），萬得資訊 (Wind)

相比接近 10 萬億人民幣體量的中資境外美元債市場，境外人民債市場的總規模僅為 4,268 億人民幣，其中金融債和央行票據佔據了超過 70% 的份額。

我們這節課有講到，債券市場的流動性和市場深度對定價的重要性，尤其當我們要獲取利率期限結構的大量數據，才能為人民幣產品的國際化定價提供基礎。境外人民幣債才剛剛起步，將伴隨着國家的開放和發展以及國際化程度而變化，是值得大家關注的方向。

類別	存量總額（億元）	佔比%	債券數	佔比%
金融債	2,363.50	55.37	238	70.83%
國債	723.38	16.95	48	14.29%
企債	412.49	9.66	42	12.50%
央行票據	750.00	17.57	7	2.08%
可轉債	19.16	0.45	1	0.30%
合計	4,268.53	100.00	336	100.00%

因為人民幣債相對於美元債在境外的發展較晚，所以亞洲幾個地區的交易所對這塊業務在同一起跑線的情況下，可以觀察到目前中國香港、中國台灣、新加坡三個交易所在境外人民幣債上市選擇目的地的角度幾乎是旗鼓相當的。

全稱	發行日期	債券類型	上市地點	交易幣種	發行規模（億元）
韓國產業銀行 3.2% 20250819	2022-08-19	金融債	新加坡證券交易所	CNY	2.35
韓國產業銀行 3.4% 20250729	2022-07-29	金融債	新加坡證券交易所	CNY	2.30
韓國產業銀行 3.72% 20240615	2022-06-28	金融債	新加坡證券交易所	CNY	1.50
韓國產業銀行 3.59% 20240615	2022-06-22	金融債	新加坡證券交易所	CNY	1.50
GOLDMAN SACHS FINANCE CORP INTERNATIONAL	2022-07-25	金融債	台灣 OTC 市場	CNY	1.17

（續上表）

全稱	發行日期	債券類型	上市地點	交易幣種	發行規模（億元）
韓國中小企業銀行 3.85% 20240506	2022-05-06	金融債	新加坡證券交易所	CNY	1.50
United Overseas Bank Ltd 4.5% 20320406	2022-04-06	金融債	新加坡證券交易所	CNY	6.50
瑞士信貸銀行股份有限公司倫敦分行 4.35% 2026	2022-05-11	金融債	台灣 OTC 市場	CNY	1.50
韓國進出口銀行 3.38% 20270329	2022-03-29	金融債	新加坡證券交易所	CNY	2.53
韓國進出口銀行 2.9% 20230302	2022-03-02	金融債	新加坡證券交易所	CNY	4.50
正榮地產集團有限公司 8% 優先人民幣票據 20230	2022-03-29	企業債	香港聯交所	CNY	15.90
溫州市鹿城區國有控股集團有限公司 4.1% 20250	2022-01-14	企業債	新加坡證券交易所	CNY	9.72
溫州市鹿城區國有控股集團有限公司 4.1% 20241	2021-12-16	企業債	新加坡證券交易所	CNY	9.72
馬來亞銀行有限公司 3.2% 20241214	2021-12-14	金融債	新加坡證券交易所	CNY	1.70
CITIGROUP GLOBAL MARKETS HOLDINGS INC.4.	2022-05-10	金融債	台灣 OTC 市場	CNY	2.90
馬來亞銀行有限公司 3.15% 20241015	2021-10-15	企業債	新加坡證券交易所	CNY	2.50
HYUNDAI CAPITAL SERVICES INC 3.2% 2024081	2021-08-11	金融債	新加坡證券交易所	CNY	7.00
巴克萊銀行有限公司 4.15% 20250419	2022-04-19	金融債	台灣 0TC 市場	CNY	2.50
力高地產集團有限公司 10.5% 優先票據 20230106	2021-07-06	企業債	新加坡證券交易所	CNY	6.00
巴克萊銀行有限公司 4% 20250406	2022-04-06	金融債	台灣 0TC 市場	CNY	6.35
EXPORT-IMPORT BANK OF INDIA 3.45% 2026062	2021-06-25	金融債	新加坡證券交易所	CNY	5.00
Emirates NBD Bank PJSC 3.67% 20280713	2021-07-13	金融債	台灣 OTC 市場	CNY	11.25
滙豐控股有限公司 3.4% 20270629	2021-06-29	金融債	台灣 0TC 市場	CNY	27.50
Emirates NBD Bank PJSC 3.5% 20260528	2021-05-28	金融債	台灣 OTC 市場	CNY	6.00
KEB HANA BANK 3% 20230420	2021-04-20	金融債	新加坡證券交易所	CNY	2.20

（續上表）

全稱	發行日期	債券類型	上市地點	交易幣種	發行規模（億元）
中國銀行（澳門）有限公司 3.08% 人民幣票據 2026	2021-04-28	金融債	香港聯交所	CNY	10.00
中國銀行股份有限公司法蘭克福分行 2.85% 人民	2021-04-28	金融債	香港聯交所	CNY	13.50
國任財產保險股份有限公司 4.2% 人民幣票據 202	2021-06-01	金融債	香港聯交所	CNY	2.50
QNB FINANCE LTD 3.5% 20240422	2021-04-22	金融債	台灣 OTC 市場	CNY	11.00
中國建設銀行新加坡分行 2.85% 優先轉型人民幣債	2021-04-22	金融債	香港聯交所	CNY	20.00
中國建設銀行新加坡分行 2.85% 20230422	2021-04-22	金融債	新加坡證券交易所	CNY	20.00
瑞士信貸銀行股份有限公司倫敦分行 3.55% 2031	2021-05-27	金融債	台灣 OTC 市場	CNY	10.10
瀚惠國際有限公司 4.8% 20240422	2021-04-22	企業債	新加坡證券交易所	CNY	6.40
韓國輸出入銀行 2.85% 20240325	2021-03-25	金融債	新加坡證券交易所	CNY	3.00
KEB HANA BANK 3% 20240325	2021-03-25	金融債	新加坡證券交易所	CNY	3.20
東方匯理銀行 3.72% 20260812	2022-08-12	金融債	台灣 OTC 市場	CNY	1.17
德意志銀行公司 3.5% 20280331	2021-03-31	金融債	台灣 OTC 市場	CNY	10.00
CITIGROUP GLOBAL MARKETS HOLDINGS INC. 3%	2021-10-08	金融債	台灣 OTC 市場	CNY	4.42
DBS Group Holdings Ltd 3.7% 20310303	2021-03-03	金融債	新加坡證券交易所	CNY	16.00
Emirates NBD Bank PJSC 3.32% 20260219	2021-02-19	金融債	台灣 OTC 市場	CNY	7.50
QNB FINANCE LTD 3.15% 20260204	2021-02-04	金融債	台灣 OTC 市場	CNY	15.00
FIRST ABU DHABI BANK P.J.S.C 3.15% 202601	2021-01-29	金融債	台灣 OTC 市場	CNY	15.00
遠東宏信有限公司 4.7% 人民幣票據 20240209	2021-02-09	企業債	香港聯交所	CNY	17.00
中國銀行（香港）有限公司 2.8% 人民幣票據 20230	2021-01-14	金融債	香港聯交所	CNY	18.00

數據來源：中國經濟金融研究數據庫（China Stock Market & Accounting Rearch Database,CSMAR），萬得資訊（Wind）

我們進一步 2023 年末採集的數據情況，

實際發行規模（單位：億）						
發行方類型	港幣	美元	歐元	人民幣	日圓	總計（按人民幣換算）
產業債	4	45		47	1	370.208
城投債		110	9	352	10	1203.509
地產債		45		12		331.527
金融債	108	817	14	838		6846.087
政府債				28		28
總計	**112**	**1017**	**23**	**1277**	**11**	**8779.331**

2023 年的情況，金融債佔比依舊顯著，其次是城投債。2023 年首次產業公司的境外債券規模超過地產公司債。

債券計價幣種	實際發行規模（單位：億）
港元	101.7072
美元	7,221.3102
歐元	178.779
人民幣	1,277
日圓	0.5346
總計	**8,779.331**

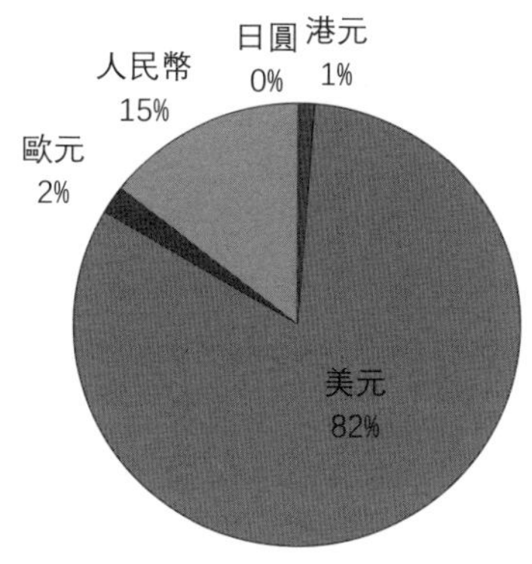

2023 年的情況，境外人民幣債券的餘額（折合為美元後）佔比為 15%。

宏觀市場利率與泰勒規則

假定 P 是通貨膨脹率，P^*是通貨膨脹的目標，R 是名義利率，R^*是名義利率的目標。從中期來看，P^*與R^*是聯繫在一起的，如果真實利率給定，那麼名義利率和通貨膨脹之間存在着對應關係。假定 U 是失業率，U^*是自然失業率。

泰勒認為，中央銀行應該遵循以下的規則：

$$R = R^* + a(P - P^*) - b(U - U^*), a > 0\ b > 0$$

上式的含義：

1. 如果通貨膨脹率等於目標通貨膨脹率（$P = P^*$），失業率等於自然失業率 U^*，那麼中央銀行應該將名義利率 R 設為它的目標值 R^*。這樣經濟將保持穩定。

2. 如果通貨膨脹率高於目標通貨膨脹率（$P > P^*$），那麼中央銀行應該將名義利率設定為高過 R^*。更高的通貨膨脹率將導致失業增加，失業增加將反過來導致通貨膨脹下降。

係數 a 表示央行對失業和通貨膨脹關心程度的不同。該係數越高，表明對通脹越關注，中央銀行面對通貨膨脹就會增加更高的利率，通貨膨脹下降速度將更快，經濟放慢的速度也會變快。

3. 如果失業率高於自然失業率$(U > U^*)$，央行應該降低名義利率，失業率則會下降。係數 b 反映央行對失業與通貨膨脹之間關心程度的不同。b 越高，央行就越會偏離通貨膨脹目標來保證失業率在自然失業率附近。

美國	近期數據	前次數據	參考日期
失業率	3.70%	3.50%	2022.08
利率	2.50%	2.50%	2022.08
通貨膨脹率	8.30%	8.50%	2022.08

數據來源：Federal Reserve Board

中國	近期數據	前次數據	參考日期
通貨膨脹率	2.50%	2.70%	2022.08

數據來源：中國經濟金融研究數據庫（China Stock Market & Accounting Rearch Database, CSMAR）

美國四次經濟衰退的國債收益率曲線觀察

觀察美國歷史上的經濟衰退期，其中有三次是面臨平坦或微倒掛的收益率曲線，在經濟經衰退和危機後，進行出清，收益率曲線再恢復正常。而八十年代初的衰退，則經歷了非常明顯的收益率曲線倒掛，短期債券收益率大幅度的高於長期債券收益率。

圖 3-6

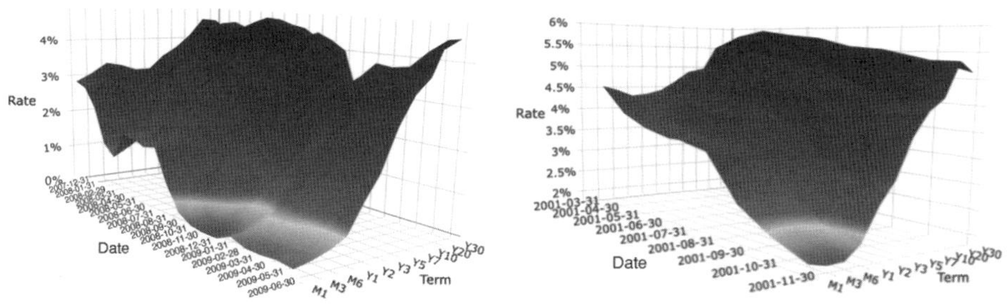

圖及數據來源：Wharton Research Data Services

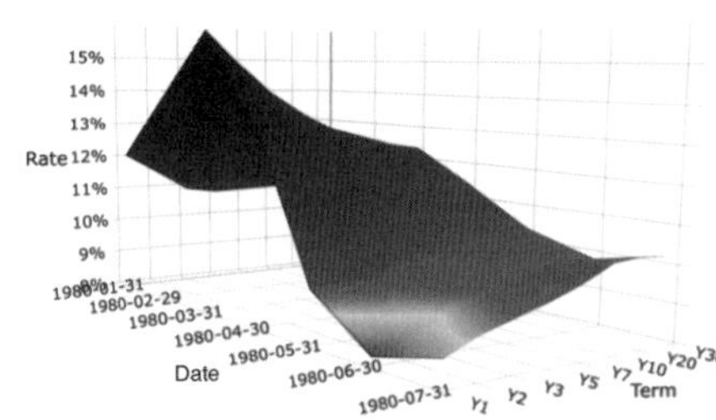

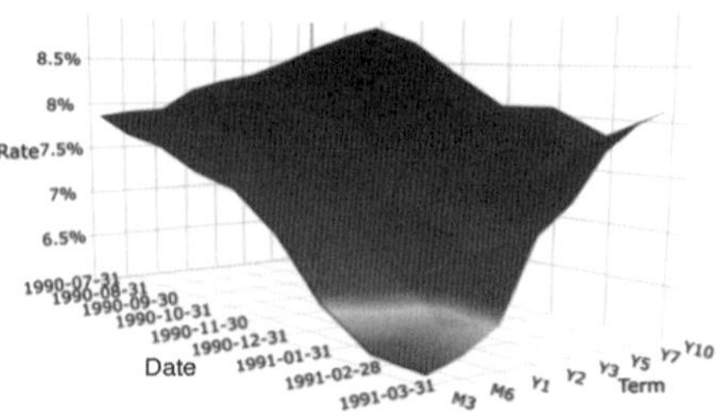

圖及數據來源：Wharton Research Data Services

縱觀 1975 年到 2019 年，美國國債收益率曲線的移動方式，可以直觀的觀測到美國經濟的週期大約為 5 至 8 年一次。對應我們也可以看到收益率曲線從危機時的倒掛或微倒掛，轉為正常，再轉為平坦和倒掛的一個宏觀週期行為。

圖 3-7

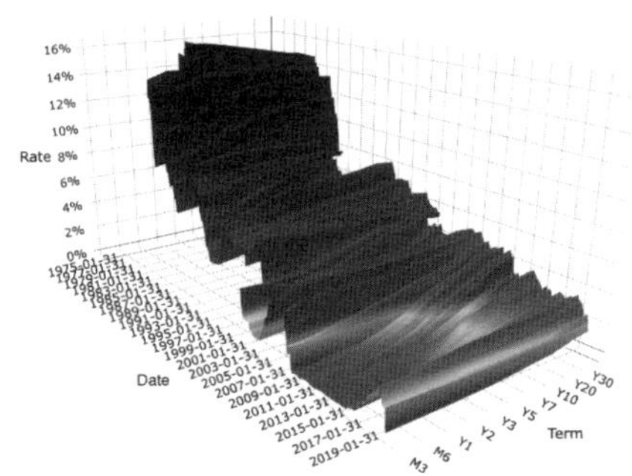

圖及數據來源：Wharton Research Data Services

香港的利率風險管理

根據香港金融管理局在 2018 年推出銀行風險管理的指引，意在加強本港銀行的穩健性。監管機構對香港地區的銀行的利率風險管理設定了利率衝擊的假設，使其評估資產端（貸款組合、債券組合）的未來現金流，和負債端（存款贖回現金流）。

$$parallel\ shock\ up$$

$$\Delta r_{1,c}(k) = \dot{R}_{parallel,c}$$

$$parrallel\ shock\ down$$

$$\Delta r_{2,c}(k) = \dot{R}_{parallel,c}$$

$$steepener\ shock$$

$$\Delta r_{3,c}(k) = -0.65\dot{R}_{short,c}e^{\frac{-t_k}{4}} + 0.9\dot{R}_{long,,c}(1 - e^{\frac{-t_k}{4}})$$

$$flattener\ shock$$

$$\Delta r_{4,c}(k) = 0.8\dot{R}_{short,c}e^{\frac{-t_k}{4}} - 0.6\dot{R}_{long,,c}(1 - e^{\frac{-t_k}{4}})$$

$$short\ rates\ shock\ up$$

$$\Delta r_{5,c}(k) = \dot{R}_{short,c}e^{\frac{-t_k}{4}}$$

$$short\ rates\ shock\ down$$

$$\Delta r_{6,c}(k) = -\dot{R}_{short,c}e^{\frac{-t_k}{4}}$$

以上是香港金管局借鑒巴塞爾的要求，其設定宏觀環境對香港銀行體系現金流的衝擊，採用了收益率曲線平移的方式。

在不同的假設情況下，如香港銀行所在國家或地區的收益率曲線，出現平行上移、平行下移、陡峭變動、平坦變動、短期衝擊的各類宏觀環境下的收益率曲線移動模式，對應進行現金流測試和壓力測試，以評估銀行體系面對宏觀環境的穩健型。

通過本章的介紹，我們瞭解了債券數據分析的框架。

首先，我們瞭解債券的估值方法、波動性衡量、到期收益率、久期、凸性，這對我們構建固定收益投資組合，管理風險和組合波動性提供了有效的實踐應用方式。讀者根據本章的知識，可以對固定收益投資組合進行投資管理和風險評估。

其次，通過總結中資境外債券的整體近期發行市場情況，從賣方的投行的角度，對近期的市場情況進行追蹤。方便讀者更好的瞭解市場情況，從基本面以及違約風險評估的角度，可以對相關市場動態進行把握。

最後，利率及固定收益證券與宏觀環境總是息息相關。一方面，我們瞭解了通過觀察收益率曲線作為宏觀經濟研究的一種有效的數據驅動方法，可以幫助我們可管理性的認識當前的宏觀經濟的狀態；另一方面，鑒於國際標準的監管，當我們面對金融機構的資產端和負債端的壓力測試和風險控制時，以收益率曲線的衝擊作為假設情景進行風險和壓力評估，也是固定收益數據分析驅動管理水平提升的另一個實例。

第四章

迴歸分析

最小二乘法（OLS）

首先我們來看一幅散點圖，本文統計了年度的中國 M2 增長率和 GDP 增長率：

圖 4-1

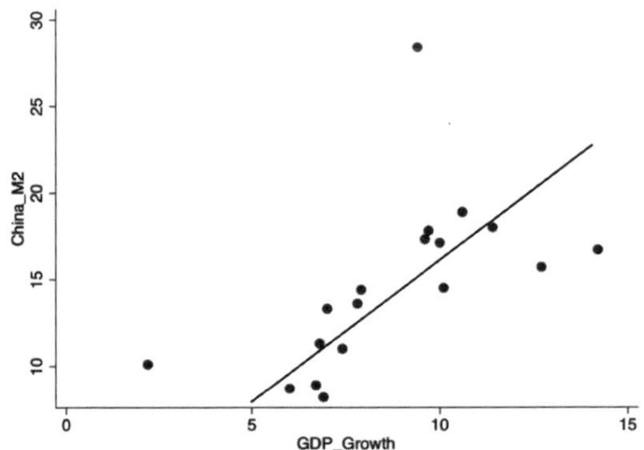

我國貨幣供應量 M2 增長率（y）與年度的 GDP 增長率（x）之間的關係。從圖中可以看到，隨着 x 的增加，y 大致上也是增加的，然而 x、y 之間並沒有確定的一個函數關係，使得 x 與 y 一一對應，即表現在圖中的點並不完全落在同一條直線上。

然而，有時候我們想知道當 x 變化一單位時，y 平均變化多少，可以看到，由於圖中所有的點都相對的集中在圖中直線周圍，因此我們可以以這條直線來大致的代表 x 與 y 之間的關係。如果我們能夠確定這條直線，我們就可以用直線的斜率來表示當 x 變化一單位時 y 的變化程度，由圖中的點確定線的過程就是迴歸。

對於變量間的關係，我們可以根據大量的統計數據，找出它們在數量變化方面的規律，這種統計規律所揭示的關係就是迴歸關係（Regressive Relationship），所表示的數學方程就是迴歸方程（Regression Equation）或迴歸模型（Regression Model）。

假設這條直線我們按線性函數關係進行表述：

$$y = \alpha + \beta x$$

根據上式，在確定 α、β 的情況下，給定一個 x 值，我們就能夠得到一個確定的 y 值。然而回到我們本小節開篇的圖表，可以知道這個確定對應關係通常較難實現。根據線性方程得到的函數值 y 值與實際的 y 值存在一個誤差（即圖中點到直線的距離）。

我們以 u 表示誤差，則線性方程進一步表述為：

$$y_t = \alpha + \beta x_t + u_t$$

其中 $t=$（1,2,3, $\cdots T$）表示觀測值的數量。

結合我們學習的向量與線性代數知識，可以知道，方程為向量的線性組合。

其中 y_t 被稱作因變量（Dependent Variable），或叫被解釋變量（Explained Variable）、結果變量（Effect Variable）；x_t 被稱作自變量（Independent Variable）或叫作解釋變量（Explanatory Variable）、原因變量（causal Variable），在迴歸模型中，我們假定 x_t 是已知。

α、β 為參數（Parameters），或稱迴歸係數（Regression Coefficients）；u_t 通常被稱為隨機誤差項（Stochastic Error Term），或隨機擾動項（Random Disturbance Term），簡稱誤差項，在迴歸模型中它是不確定的，通常服從隨機分佈（相應的，y_t 也是不確定的，通常服從隨機分佈）。

但是，如何確定圖中的直線，即如何確定 α、β 的值，以使得直線能夠最好地接近各散點？

參數的最小二乘估計（OLS）

最小二乘法中的普通最小二乘法（Ordinary Least Squares, OLS）是最基本、最常用的一種。最小二乘法的基本原則是：最優擬合直線應該使各點到直線的距離的和最小。此原則也可表述為距離的平方和最小。

假定根據這一原理得到的 α、β 係數為係數估計值，則根據係數函數計算出的 y 值稱為擬合值（Fitted Value），實際值與擬合值的差，即 u 的估計值稱為殘差（Residual）。

根據前面的定義，我們可以看到，使直線與各散點的距離的平方和最小，實際上是使殘差平方和（Residual Sum of Squares, RSS）最小：

$$RSS = \sum_{t-1}^{T}(y_t - \hat{y}_t)^2 = \sum_{t-1}^{T}(y_t - \hat{\alpha} - \hat{\beta}x_t)^2$$

根據最小化一階條件，求偏導，即可得到以下的係數估計值表達式：

$$\hat{\beta} = \frac{\sum x_t y_t - T\overline{xy}}{\sum x_t^2 - T\overline{(x)}^2}$$

$$\hat{\alpha} = \bar{y} - \hat{\beta}\bar{x}$$

總體（the Population）是指待研究變量的所有數據集合，可以是有限的，也可以是無限的。而樣本（the sample）是總體的一個子集。

樣本迴歸方程（the Sample Regression Function）是根據所選樣本估算的變量之間的關係函數，樣本迴歸方程中沒有誤差項，根據這一方程得到的是總體因變量的期望值。

總體迴歸方程（the Population Regression Function）總體迴歸的值則通常被分解為兩部分：模型擬合值（類似樣本迴歸方程的期望值）和殘

差項。

回到線性關係的角度，對誤差項設定如下的幾個限制條件：

1. $E(u_t)=0,$ 期望值為零；

2. $var(u_t)=\sigma^2<\infty,$ 殘差具有常數方差，且對於所有x值都是一個有限值；

3. $cov(u_i,u_j)=0,$ 殘差項之間在统計學意義上是獨立的；

4. $cov(u_i,x_j)=0,$ 殘差與x無關。

以上限制假設滿足的情況下，由最小二乘法得到的估計量最優線性無偏估計量（Best Linear Unbiased Estimators，BLUE）。

高斯－瑪律可夫定理（Gauss－Markov Theorem）：在給定經典線性迴歸模型的假定下，最小二乘估計量在無偏線性估計量一類中，有最小方差，即它們是最優線性無偏估計量。

OLS 估計量的概率分佈

給定條件 $u_t \sim N(0,\sigma^2)$：即服從正態分佈，則 y_t 也服從正態分佈。

係數估計量也是服從以下位置參數和尺度參數的正態分佈：

$$\hat{\alpha} \sim N(\alpha, var(\alpha)$$

$$\hat{\beta} \sim N(\beta, var(\beta)$$

標準正態分佈為：

$$\frac{\hat{\alpha}-\alpha}{\sqrt{var(\alpha)}} \sim N(0,1)$$

$$\frac{\hat{\beta}-\beta}{\sqrt{var(\beta)}} \sim N(0,1)$$

理論而言總體迴歸方程中的係數的真實標準差是難以得到的，我們只能得到樣本的係數標準差。用樣本的標準差去替代總體標準差會產生不確定性，並且 $\frac{\hat{\alpha}-\alpha}{\sqrt{SE(\alpha)}}$ 和 $\frac{\hat{\beta}-\beta}{\sqrt{SE(\beta)}}$ 將不再服從正態分佈，而服從自由度為 T-2 的 t 分佈。

單變量線性迴歸及檢驗

擬合優度檢驗

擬合優度通常用 R^2 表示，擬合優度的計算公式，可由以下得出：

TSS 可以分解為兩部分：

$$\sum(y_t - \bar{y})^2 = \sum(\hat{y_t} - \bar{y})^2 + \sum \widehat{u_t}^2$$

$\sum(\hat{y_t} - \bar{y})^2$是可以被模型解釋的部分（the Explained Sum of Squares, ESS）。

$\sum \widehat{u_t}^2$是不能被模型解釋的部分（the Residual Sum of Square, RSS），即殘差平方和。

$$R^2 = \frac{ESS}{TSS} = \frac{TSS - RSS}{TSS} = 1 - RSS/TSS$$
$$R^2 \in [0,1]$$

假設檢驗

假設檢驗的程式是先根據實際問題的要求提出一個論斷，稱為零假設（Null Hypothesis）或原假設，記為 H_0；一般並列的有一個備擇假設（Alternative Hypothesis），記為 H_1。再根據樣本的有關信息，對 H_0 的真偽進行判斷，做出拒絕 H_0 或不能拒絕 H_0 的決策。假設檢驗的基本思想是概率性質的反證法。

假設檢驗有兩種方法：

置信區間檢驗法（Confidence Interval Approach）和顯著性檢驗法（Test of Significance Approach）。

t 檢驗

用 OLS 方法迴歸方程，得到 β 的估計值 $\hat{\beta}$ 及其標準差。假定我們建立的零假設是 $H_0: \beta = \beta^*$，備則假設是 $H_1: \beta \neq \beta^*$（這是一個雙側檢驗）。

建立統計量：

$$t_{sta} = \frac{(\hat{\beta} - \beta^*)}{SE(\hat{\beta})}$$

t_{sta}是服從自由度為 T-2 的 t 分佈

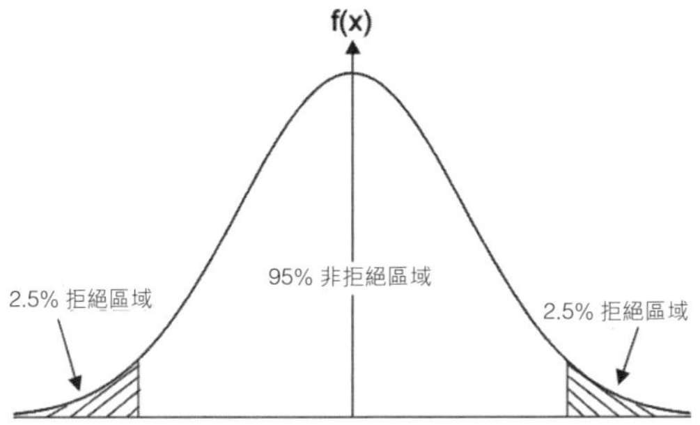

T 分佈的特徵，也是我們進行係數檢驗的 t 值檢驗的概率分佈基礎。選擇一個顯著性水平（通常是 5%），我們就可以在 t 分佈中確定拒絕區域和非拒絕區域。

如果選擇顯著性水平為 5%，則表明有 5% 的分佈將落在拒絕區域。

圖 4-2

（查表時注意：v 是指自由度，並分單側和雙側兩種類型）
（左側的示意圖是單側檢驗的情形）

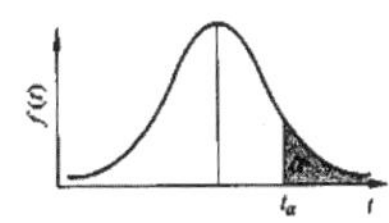

單側 雙側	α=0.10 α=0.20	0.05 0.10	0.025 0.05	0.01 0.02	0.005 0.01
V=1	3.078	6.314	12.706	31.821	63.657
2	1.886	2.920	4.303	6.965	9.925
3	1.638	2.353	3.182	4.541	5.841
4	1.533	2.132	2.776	3.747	4.604
5	1.476	2.015	2.571	3.365	4.032
6	1.440	1.943	2.447	3.143	3.707
7	1.415	1.895	2.365	2.998	3.499
8	1.397	1.860	2.306	2.896	2.355
9	1.383	1.833	2.262	2.821	3.250
10	1.372	1.812	2.228	2.764	3.169
11	1.363	1.796	2.201	2.718	3.106
12	1.356	1.782	2.179	2.681	3.055
13	1.350	1.771	2.160	2.650	3.012
14	1.345	1.761	2.145	2.624	2.977
15	1.341	1.753	2.131	2.602	2.947
16	1.337	1.746	2.120	2.583	2.921
17	1333	1.740	2.110	2.567	2.898
18	1.330	1.734	2.101	2.552	2.878
19	1.328	1.729	2.093	2.539	2.861
20	1.325	1.725	2.086	2.528	2.845
21	1.323	1.721	2.080	2.518	2.831
22	1.321	1.717	2.074	2.508	2.819
23	1.319	1.714	2.069	2.500	2.807
24	1.318	1.711	2.064	2.492	2.797
25	1.316	1.708	2.060	2.485	2.787
26	1.315	1.706	2.056	2.479	2.779
27	1.314	1.703	2.052	2.473	2.771
28	1.313	1.701	2.048	2.467	2.763
29	1.311	1.699	2.045	2.462	2.756
30	1.310	1.697	2.042	2.457	2.750
40	1.303	1.684	2.021	2.423	2.704
50	1.299	1.676	2.009	2.403	2.678
60	1.296	1.671	2.000	2.390	2.660
70	1.294	1.667	1.994	2.381	2.648
80	1.292	1.664	1.990	2.374	2.639
90	1.291	1.662	1.987	2.368	2.632
100	1.290	1.660	1.984	2.364	2.626
125	1.288	1.657	1.979	2.357	2.616
150	1.287	1.655	1.976	2.351	2.609
200	1.286	1.653	1.972	2.345	2.601
∞	1.282	1.645	1.960	2.326	2.576

通常情況下，自由度為樣本容量減去 2。通常我們在 95% 置信區間觀察顯著性的 t 值，樣本量大於 30 的情況下，t 值在 1.96 到 2.*** 的區間內。

置信區間法

置信區間法的基本思想是建立圍繞估計值的一定的限制範圍，推斷總體參數 β 是否在一定的置信度下落在此區間範圍內。

首先用 OLS 法迴歸方程，得到 β 的估計值及其標準差，再選擇一個顯著性水平（通常為 5%），這相當於選擇 95% 的置信度。查 t 分佈表，獲得自由度為 T-2 的臨界值 t_{crit}。

所建立的置信區間為 $(\hat{\beta} - t_{crit} * sE(\hat{\beta}), \hat{\beta} + t_{crit} * sE(\hat{\beta}))$

如果零假設值 β^* 落在置信區間外，我們就拒絕 $H_0: \beta = \beta^*$ 的原假設；反之，則不能拒絕。通常情況下，置信區間檢驗是雙側檢驗。

案例分析：

數據集採集了 2022 年末，統計的中國券商的淨資本情況和分析師及研究報告產出情況。我們假設研究命題為：「證券公司的研究實力是否會顯著影響證券公司的資本實力。」

證券公司 ID	證券公司名稱	會計年度	淨資本	淨資本自然對數	活動分析師數量	發佈研報數量
106064	國泰君安證券股份有限公司	2022-12-31	92,874,565,553	25.25451566	142	2703
104384	天風證券股份有限公司	2022-12-31	15,273,877,771	23.44940987	68	2605
105523	華泰證券股份有限公司	2022-12-31	92,969,666,665	25.25553911	74	2478
104169	民生證券股份有限公司	2022-12-31	8,396,797,134	22.85111618	95	2302
104094	浙商證券股份有限公司	2022-12-31	19,977,802,591	23.71788762	69	2208
105045	興業證券股份有限公司	2022-12-31	30,283,508,441	24.13386913	77	2146
10974	招商證券股份有限公司	2022-12-31	70,444,812,949	24.97809545	66	2058
101506	廣發證券股份有限公司	2022-12-31	79,847,245,140	25.10338121	97	2005
107633	東吳證券股份有限公司	2022-12-31	25,885,706,024	23.97695676	78	1949
104104	中泰證券股份有限公司	2022-12-31	28,049,946,636	24.05725257	64	1928

（接下頁）

（續上表）

證券公司ID	證券公司名稱	會計年度	淨資本	淨資本自然對數	活動分析師數量	發佈研報數量
104059	光大證券股份有限公司	2022-12-31	48,853,130,507	24.6120843	47	1,926
10129	國盛證券有限責任公司	2022-12-31	8,660,465,582	22.88203432	90	1,858
104175	開源證券股份有限公司	2022-12-31	11,752,430,100	23.18732587	40	1,827
106031	國信證券股份有限公司	2022-12-31	79,435,000,000	25.09820491	70	1,764
10416	海通證券股份有限公司	2022-12-31	93,818,677,554	25.26462979	85	1,681
105188	西南證券股份有限公司	2022-12-31	14,561,985,039	23.40168021	32	1,681
105738	國金證券股份有限公司	2022-12-31	24,056,951,187	23.90368982	48	1,650
103952	華西證券股份有限公司	2022-12-31	16,465,000,000	23.52450275	51	1,247
104097	信達證券股份有限公司	2022-12-31	10,684,563,609	23.09206588	36	1,206
104302	華安證券股份有限公司	2022-12-31	12,573,129,635	23.25482781	29	1,083
106071	東方證券股份有限公司	2022-12-31	47,377,141,480	24.5814057	55	945
104230	中銀國際證券股份有限公司	2022-12-31	13,976,698,523	23.36065739	28	893

數據來源：中國經濟金融研究數據庫（China Stock Market & Accounting Research Database, CSMAR）

基於最簡潔的單變量迴歸模型（即不設置控制變量等），我們設解釋變量x_t為該年度的年報產量，被解釋變量y_t為該年度末的淨資本的自然對數。

$$y_t = \alpha + \beta x_t + u_t$$

其中t=2022 年，本案例按該時間點的截面數據進行分析。

Python 實戰代碼

```
import pandas as pd
import numpy as np
import statsmodels.api as sm

# 讀取 CSV 數據
df = pd.read_csv(file path/ 第四章 - 迴歸分析 / 單變量迴歸案例 .csv')
# 讀取數據集並去除 NaN 值
data = df.dropna()
# 提取被解釋變量和解釋變量的數據
y = data[" 淨資本自然對數 "]
x = data[" 發佈研報數量 "]
# 添加常數列到解釋變量數據中
x = sm.add_constant(x)
# 使用 OLS 函數擬合模型並進行迴歸分析
model = sm.OLS(y, x)
results = model.fit()
# 輸出迴歸結果摘要
print(results.summary())
```

```
                            OLS Regression Results
==============================================================================
Dep. Variable:                 净资本自然对数   R-squared:                       0.209
Model:                            OLS   Adj. R-squared:                  0.195
Method:                 Least [illegible] [illegible]statistic:          15.09
                          淨資本自然對數
Date:                Tue, 31 O[illegible]   [illegible]ob (F-statistic):   0.000270
Time:                        16:20:10   Log-Likelihood:                -78.800
No. Observations:                  59   AIC:                             161.6
Df Residuals:                      57   BIC:                             165.8
Df Model:                           1
Covariance Type:            nonrobust
==============================================================================
                 coef    std err          t      P>|t|      [0.025      0.975]
------------------------------------------------------------------------------
const         23.0246      0.171    134.622      0.000      22.682      23.367
发布研报数量        0.0006      0.000      3.884      0.000      0.000       0.001
==============================================================================
[illegible]                        1.232   Durbin-Watson:                   0.460
發佈研報數量
[illegible]s):                     0.540   Jarque-Bera (JB):                0.562
Skew:                           0.111   Prob(JB):                        0.755
Kurtosis:                       3.423   Cond. No.                     1.67e+03
------------------------------------------------------------------------------
```

從迴歸結果觀察，首先解釋變量係數的 t 檢驗值為 3.423，在 95% 甚至 99% 的置信區間內，可以說明證券公司的研究實力會顯著影響證券公司的淨資產資本實力。

然而，模型的 R^2，只有 0.209，即模型的可解釋性相對有限。我們也可以很直觀的理解這個問題，雖然從迴歸係數的顯著性而言，研究實力會顯著影響資本實力，但影響證券公司的淨資本實力的因素很多，涉及方方面面。這也是為甚麼，我們使用單變量迴歸雖然改變量為顯著，但 R^2 卻不高，應該是還有很多其他干擾項會影響公司的資本實力。

從研究的角度，如果我們發現一個單變量顯著影響一個被解釋變量，進一步的研究方向可以是：

首先，我們可以進一步分析因果關係路徑和內生性問題。分析這個變量影響被解釋變量的因果路徑，在因果路徑中找到一個工具變量，該工具變量對解釋變量有影響但對被解釋變量沒有影響，從而通過工具變量法處理可能的內生性問題，進一步研究影響因素是否可以解讀為因果路徑的因素。另外單變量迴歸的 R^2 平方較小的情況下，我們要提高 R^2 值，即提升模型的解釋力，則需要變量選擇和控制變量多元迴歸等角度尋找更多的解釋變量，以優化模型的解釋能力。

進而，我們需要瞭解多元迴歸模型。

多變量線性迴歸及檢驗

考察以下方程：

$$y_t = \beta_1 + \beta_2 x_{2t} + \beta_3 x_{3t} + \cdots \beta_k x_{kt} + u_t, \qquad t = 1,2,3 \ldots T$$

對 y 產生影響的解釋變量共有 $k\text{-}1$（$x_{2t}, x_{3t} \ldots, x_{kt}$）個，係數（$\beta_1, \beta_2 \ldots \beta_k$）分別衡量了解釋變量對因變量 y 的邊際影響的程度。

矩陣形式為：

$$y = X\beta + \mu$$

這裏 y 是 $T\times 1$ 矩陣，X 是 $T\times k$ 矩陣，β 是 $k\times 1$ 矩陣，u 是 $T\times 1$ 矩陣在多變量迴歸中殘差向量為：

$$\hat{u} = \begin{bmatrix} \widehat{u_1} \\ \ldots \\ \widehat{u_T} \end{bmatrix}$$

參考平方和：

$$RSS = [\widehat{u_1} \quad \ldots \quad \widehat{u_T}] \times \begin{bmatrix} \widehat{u_1} \\ \ldots \\ \widehat{u_T} \end{bmatrix} = \sum \hat{u}^2$$

進一步可以得到多變量迴歸模型的殘差的樣本方差：

$$s^2 = \frac{\hat{u}\hat{u}'}{T-k}$$

擬合優度檢驗

在多變量模型中，我們想知道解釋變量一起對因變量 y 變動的解釋程度。我們將度量這個信息的量稱為多元判定係數 R^2。在多變量模型中，等式 $TSS = ESS + RSS$ 也成立。如前文提到，TSS 為總離差平方和；ESS 為迴歸平方和；RSS 為殘差平方和。

與單解釋變量模型不同的是，ESS 值與多個解釋變量有關。

$$ESS = \beta_2 \sum y_t x_{2t} + \beta_3 \sum y_t x_{3t} + \cdots + \beta_k \sum y_t x_{kt}$$

則：

$$R^2 = \frac{\beta_2 \sum y_t x_{2t} + \beta_3 \sum y_t x_{3t} + \cdots + \beta_k \sum y_t x_{kt}}{\sum y_t^2}$$

t 檢驗

t 檢驗的步驟與單解釋變量模型類似。但需注意的是 *t* 分佈的自由度由原來的 *T-2*（樣本容量將去 2,2 代表 1 個解釋變量及 1 個被解釋變量），所以自由度變為 *T-k*，其中 *k* 為變量數量。（書寫格式方面，在不同的講義上，*k* 也可能代表解釋變量的總數，則自由度變為 *T-k-1*）

圖 4-3　兩個解釋變量的多元迴歸模型圖示

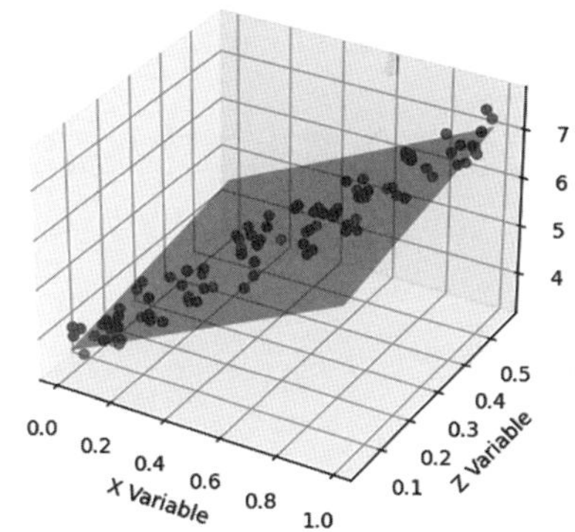

以上圖示可以看到兩個解釋變量，一個被解釋變量的情況。在多元迴歸的情況下，我們實際上是在一個多維的空間中進行擬合。

多元迴歸研究案例分析

多元迴歸是量化投資中的多因子投資的基礎計量方法，在研究量化投資的過程中，被解釋變量通常被統一為資產的收益率或者超額收益。然而，商業和金融領域的量化研究中，相比量化投資而言，我們需要被解釋的變量以及尋找的解釋變量，進行建模的問題則更為廣泛。本章節我們將從更為廣泛的商業與金融研究角度，進行數據驅動的研究項目涉及和分析，可為讀者進行更為廣泛的商業金融的數據分析提供參考。而從第五章開始，我們將繼續對量化投資領域進行討論。

本節案例使用中國社科院——工業經濟研究所期刊的公開數據來源。但本書的代碼實現和變量，在數據來源基礎上均有調整。如，將學術界更為常用的 Stata 代碼更新為金融業界的量化研究中業界更為常用的 Python 代碼。

案例 1 數據管理能力與企業生產率的研究

提出要解釋的商業 / 金融研究問題：

企業的數據管理能力是否會導致企業的生產效率提高或降低？

數據與研究設計

本次案例使用的數據來源於中國社會科學院、香港科技大學、斯坦福大學三家科研機構聯合於 2018 年開展的一項數據調查活動。數據調查以國家市場監督總局 2018 年的年報系統的製造業企業為抽樣總體，採用隨機抽樣方法，蒐集了廣東、湖北、江蘇、四川和吉林省的數千家製造業企業數據，訪問 15,646 名員工和管理層，形成了 443 項的調查數據結果。其中關於數據能力的調查參考了美國 2015 年的製造業企業管理組織時間的問卷涉及思路，首次蒐集了中國製造業企業有關決策過程數據可得性等維度的 11 項細分指標。

變量名稱	樣本量	平均值	標準差	最小值	最大值
決策過程數據可得性（0—1 比值）	1,942	0.5861	0.2620	0.0000	1.0000
決策過程數據依賴程度（0—1 比值）	1,942	0.5453	0.2374	0.0000	1.0000
企業數據蒐集主體多樣性（0—1 比值）	1,942	0.2843	0.1830	0.1667	1.0000
決策過程數據使用頻率（0—1 比值）	1,942	0.5690	0.2539	0.0000	1.0000
來自生產技術 / 工具的績效指標（0—1 比值）	1,942	0.5972	0.2996	0.0000	1.0000
來自管理層的正式 / 非正式反饋（0—1 比值）	1,942	0.5789	0.2782	0.0000	1.0000
來自一線工人的正式 / 非正式反饋（0—1 比值）	1,942	0.5980	0.3205	0.0000	1.0000
來自企業外部數據（0—1 比值）	1,942	0.5018	0.2734	0.0000	1.0000
工作過程數據使用頻率（0—1 比值）	1,942	0.4742	0.2570	0.0000	1.0000
新產品和服務的設計（0—1 比值）	1,942	0.4398	0.2988	0.0000	1.0000
需求預測（0—1 比值）	1,942	0.4837	0.2757	0.0000	1.0000
供應鏈管理（0—1 比值）	1,942	0.4992	0.2947	0.0000	1.0000
使用統計方法預測頻率（0—1 比值）	1,942	0.4725	0.2974	0.0000	1.0000
數據管理能力得分（0—1 比值）	1,942	0.4886	0.1534	0.0278	0.9583

此外也抓取了相關虛擬變量，以及控制變量的調查數據。除以下描述性統計變量以外，還有包括員工和中層管理激勵、中層管理教育年限、CEO 教育程度、以及是否有黨組織指導和是否為家族控股企業等信息。

本案例中設置了如下研究變量：

被解釋變量	變量代號
全要素生產率	TPF
解釋變量	**變量代號**
數據管理能力	Data
其他解釋變量	**變量代號**
一線人員激勵	Incentive_F
管理人員激勵	Incentive_M
中高管理人員受教育年限	Senior_Edu
CEO 是否為大學學歷	CEO_Edu
公司成立年限的自然對數	Ln_Age

多元迴歸模型為：

$$TFP_i = \alpha + \beta_{1i}data + \beta_{2i}control\ variables_i + \mu_i$$

Python 實戰代碼

```
import pandas as pd
import numpy as np
import statsmodels.api as sm
# 讀取 CSV
df: pd, rea d_csv(file path/ 第四章 - 迴歸分析 / 多元迴歸案例 1.csv')
# Numpy 數據格式轉化
for col in ["Data", "Incentive_F", "Incentive_M","Senior_Edu","CEO_
Edu","Ln_Age","TFP"]:
```

df[col] = pd.to_numeric(df[col], errors='coerce')

數據清理

df_cleaned_any = df.dropna()

多元線性迴歸

X = df_cleaned_any[["Data", "Incentive_F", "Incentive_M","Senior_Edu","CEO_Edu","Ln_Age"]]

y = df_cleaned_any["TFP"]

X = sm.add_constant(X)

model = sm.OLS(y, X)

results = model.fit()

print(results.summary())

```
                            OLS Regression Results
==============================================================================
Dep. Variable:                    TFP   R-squared:                       0.172
Model:                            OLS   Adj. R-squared:                  0.167
Method:                 Least Squares   F-statistic:                     39.38
Date:                Wed, 01 Nov 2023   Prob (F-statistic):           1.17e-43
Time:                        12:54:09   Log-Likelihood:                -1844.6
No. Observations:                1146   AIC:                             3703.
Df Residuals:                    1139   BIC:                             3739.
Df Model:                           6
Covariance Type:            nonrobust
===============================================================================
                  coef    std err          t      P>|t|      [0.025      0.975]
-------------------------------------------------------------------------------
const          -3.2586      0.280    -11.625      0.000      -3.809      -2.709
Data            1.4069      0.259      5.438      0.000       0.899       1.914
Incentive_F    -0.0214      0.285     -0.075      0.940      -0.581       0.538
Incentive_M     0.6212      0.309      2.008      0.045       0.014       1.228
Senior_Edu      0.0757      0.016      4.749      0.000       0.044       0.107
CEO_Edu         0.4859      0.079      6.118      0.000       0.330       0.642
Ln_Age          0.4774      0.060      7.946      0.000       0.359       0.595
==============================================================================
Omnibus:                       45.614   Durbin-Watson:                   1.753
Prob(Omnibus):                  0.000   Jarque-Bera (JB):              100.591
Skew:                          -0.219   Prob(JB):                     1.44e-22
Kurtosis:                       4.383   Cond. No.                         147.
==============================================================================
```

研究分析結果

1. 針對 2017 年的企業樣本數據，進行截面的多元迴歸。企業全流程的數字化評估得出的數據管理能力的評分樣本，合計 1,146 個數據觀察值。該解釋變量，顯著影響企業的全要素生產率。實證研究結果也説明，企業在決策流程及工作流程（包含生產、供應量、營銷等）的數據綜合管理能力，會顯著的提升企業的全要素生產率。我們觀察到迴歸係數為 1.4069，也意味，當企業的數據管理能力評價分數提高 1%，那麼企業的全要素生產率可以提升 1.4%。足見，充分的提高數據管理能力，對整個國家的各個企業提升生產效率的重要性。

2. 我們觀察其他的解釋變量（控制變量）中，高管的受教育年限、CEO 的學歷也顯著的影響企業的全要素生產率。

進一步，我們按照企業的所有制 (即是否為國有企業) 進行分組的多元迴歸：

```
# 3. 分組迴歸（以是否為國有企業進行分組，顯示分組多元迴歸結果變量）
for name, group in df_cleaned_any.groupby("SOE"):
X = group[["Data", "Incentive_F", "Incentive_M","Senior_Edu","CEO_Edu","Ln_Age"]]
y = group["TFP"]
X = sm.add_constant(X)
model = sm.OLS(y, X)
results = model.fit()
print(f"Regression results for group {name}")
print(results.summary())
```

```
Regression results for group 1
                            OLS Regression Results
==============================================================================
Dep. Variable:                    TFP   R-squared:                       0.075
Model:                            OLS   Adj. R-squared:                  0.012
Method:                 Least Squares   F-statistic:                     1.182
Date:                Wed, 01 Nov 2023   Prob (F-statistic):              0.324
Time:                        13:01:41   Log-Likelihood:                -170.92
No. Observations:                  94   AIC:                             355.8
Df Residuals:                      87   BIC:                             373.6
Df Model:                           6
Covariance Type:            nonrobust
================================================================================
                   coef    std err          t      P>|t|      [0.025      0.975]
--------------------------------------------------------------------------------
const           -1.2619      1.816     -0.695      0.489      -4.871       2.347
Data             0.6861      1.100      0.624      0.535      -1.501       2.873
Incentive_F      0.7266      1.599      0.454      0.651      -2.452       3.905
Incentive_M      1.8263      1.993      0.917      0.362      -2.134       5.787
Senior_Edu      -0.0768      0.099     -0.778      0.439      -0.273       0.119
CEO_Edu          0.6947      0.628      1.107      0.272      -0.553       1.942
Ln_Age           0.2895      0.272      1.062      0.291      -0.252       0.831
==============================================================================
Omnibus:                       25.345   Durbin-Watson:                   2.072
Prob(Omnibus):                  0.000   Jarque-Bera (JB):               60.193
Skew:                          -0.939   Prob(JB):                     8.50e-14
Kurtosis:                       6.441   Cond. No.                         236.
==============================================================================
```

```
Regression results for group 0
                            OLS Regression Results
==============================================================================
Dep. Variable:                    TFP   R-squared:                       0.172
Model:                            OLS   Adj. R-squared:                  0.167
Method:                 Least Squares   F-statistic:                     36.07
Date:                Wed, 01 Nov 2023   Prob (F-statistic):           7.97e-40
Time:                        13:01:41   Log-Likelihood:                -1662.4
No. Observations:                1052   AIC:                             3339.
Df Residuals:                    1045   BIC:                             3374.
Df Model:                           6
Covariance Type:            nonrobust
================================================================================
                  coef    std err          t      P>|t|      [0.025      0.975]
--------------------------------------------------------------------------------
const          -3.2340      0.283    -11.409      0.000      -3.790      -2.678
Data            1.3999      0.266      5.254      0.000       0.877       1.923
Incentive_F    -0.0241      0.286     -0.084      0.933      -0.586       0.537
Incentive_M     0.5454      0.308      1.772      0.077      -0.059       1.149
Senior_Edu      0.0762      0.016      4.748      0.000       0.045       0.108
CEO_Edu         0.4571      0.079      5.804      0.000       0.303       0.612
Ln_Age          0.4838      0.061      7.888      0.000       0.363       0.604
==============================================================================
Omnibus:                       20.142   Durbin-Watson:                   1.791
Prob(Omnibus):                  0.000   Jarque-Bera (JB):               33.317
Skew:                          -0.135   Prob(JB):                     5.83e-08
Kurtosis:                       3.829   Cond. No.                         144.
==============================================================================
```

3. 通過進行國有企業和非國有企業的分組多元迴歸，在非國企分組內的迴歸結果與全樣本的迴歸結果基本一致，即數據管理能力顯著影響企業的全要素生產率。然而，在國有企業分組中，數據管理能力的變量變得不顯著。也就是説，在非國有企業中提高數據管理能力，根據 2017 年的和數據樣本的研究結論，可以顯著提高企業全要素生產率；然而在國有企業中即使提高數據管理能力也難以顯著提升全要素生產率，但這並非説明數據管理能力不重要（因為在國有企業分組中，數據管理能力與全要素生產率也是正相關），但在國有企業中可能存在其他更重要的變量影響着全要素生產效率值得關注。

案例 2　銀行信貸與創新

提出要解釋的商業 / 金融研究問題：

銀行信貸投放是否會促進企業的研發創新？

企業的研發創新是否會促進企業獲得更多信貸資源？

數據與研究設計

採集 CSMAR 數據庫中 2007 年至 2017 年 A 股非金融類上市公司為研究樣本。其中銀行信貸強度為信貸與總資產的比值減去行業 / 地區的銀行信貸強度均值。研發創新的衡量指標為研發費用佔營業收入的比值。

變量名稱	變量代碼	測度説明
研發投入強度	rd	研發投入佔營業收入的比例
銀行信貸強度	bankcr	平均借款比例
短期信貸強度	shorcr	短期借款比例
長期信貸強度	longcr	長期借款比例
營業現金流比例	opcash	經營活動現金流今個佔營業收入比
抵押物比例	ppe	固定資產淨值佔總資產比例
資產規模	size	資產規模對數
盈餘信息質量	absnda	修正瓊斯模型計算的操縱應計理論絕對值
公司成立年限	age	公司成立年限
總資產報酬率	roa	總資產報酬率

模型：

$$bankcr_{it} = \alpha + \beta_{it} rd_{it-1} + \beta_{it} control\ variables_{it-1} + \mu_{it}$$

Python 實戰代碼

```
pip install linearmodels
import pandas as pd
import numpy as np
# 讀取 CSV 數據
df = pd.read_csv(file path/ 第四章 - 迴歸分析 / 多元迴歸案例 2- 數據 .csv')
# Numpy 數據格式轉化
for col in ["rd","vbankcr","cbankcr","vshortcr","vlongcr","clongcr","opcash","ppe","roa", "cshortcr", "size","lev","absnda","age"]:
df[col] = pd.to_numeric(df[col], errors='coerce')
# 數據清理
df_cleaned_any = df.dropna()
from linearmodels import PanelOLS
import pandas as pd
# 使用固定效用模型之前需要設定個體和時間的雙重索引（two-level multiindex)
df.set_index(["cor", "year"], inplace=True)
# 指定 regressors 和 dependent variable
exog_vars = ["vbankcr","cbankcr","vshortcr","vlongcr","clongcr","opcash","ppe","roa", "cshortcr", "size","lev","absnda","age"]
exog = sm.add_constant(df[exog_vars])
endog = df["rd"]
# 構建固定效應模型
model = PanelOLS(endog, exog, entity_effects=True)
# 進行迴歸
fe_res = model.fit()
print(fe_res)
```

```
                    PanelOLS Estimation Summary
================================================================================
Dep. Variable:                     rd   R-squared:                        0.0561
Estimator:                   PanelOLS   R-squared (Between):             -0.0733
No. Observations:                9905   R-squared (Within):               0.0561
Date:                Wed, Nov 01 2023   R-squared (Overall):             -0.0543
Time:                        14:21:51   Log-likelihood                 2.727e+04
Cov. Estimator:            Unadjusted
                                        F-statistic:                      35.375
Entities:                        2160   P-value                           0.0000
Avg Obs:                       4.5856   Distribution:                F(13,7732)
Min Obs:                       1.0000
Max Obs:                       9.0000   F-statistic (robust):             35.375
                                        P-value                           0.0000
Time periods:                       9   Distribution:                F(13,7732)
Avg Obs:                       1100.6
Min Obs:                       237.00
Max Obs:                       1966.0

                             Parameter Estimates
==============================================================================
            Parameter  Std. Err.     T-stat    P-value    Lower CI    Upper CI
------------------------------------------------------------------------------
const          0.1007     0.0140     7.1749     0.0000      0.0732      0.1283
vbankcr        0.0151     0.0222     0.6798     0.4967     -0.0284      0.0585
cbankcr       -0.0334     0.0180    -1.8518     0.0641     -0.0688      0.0020
vshortcr      -0.0520     0.0235    -2.2128     0.0269     -0.0980     -0.0059
vlongcr       -0.0408     0.0255    -1.6020     0.1092     -0.0908      0.0091
clongcr        0.0425     0.0222     1.9167     0.0553     -0.0010      0.0860
opcash         0.0010     0.0015     0.6383     0.5233     -0.0020      0.0039
ppe            0.0009     0.0032     0.2882     0.7732     -0.0053      0.0072
roa           -0.0702     0.0059    -11.801     0.0000     -0.0819     -0.0585
cshortcr       0.0500     0.0198     2.5211     0.0117      0.0111      0.0889
size          -0.0035     0.0007    -5.0419     0.0000     -0.0049     -0.0022
lev           -0.0267     0.0031    -8.5016     0.0000     -0.0328     -0.0205
absnda        -0.0016     0.0018    -0.8762     0.3810     -0.0052      0.0020
age            0.0019     0.0002     11.921     0.0000      0.0016      0.0023
==============================================================================
```

```
# 指定 regressors 和 dependent variable
exog_vars = ["rd","vbankcr","cbankcr","vshortcr","vlongcr","clongcr","opcash","ppe","roa", "cshortcr", "size","lev","absnda","age"]
exog = sm.add_constant(df[exog_vars])
endog = df["vbankcr"]
# 構建固定效應模型
model = PanelOLS(endog, exog, entity_effects=True)
# 進行迴歸
fe_res = model.fit()
print(fe_res)
```

```
                         PanelOLS Estimation Summary
================================================================================
Dep. Variable:                vbankcr   R-squared:                        1.0000
Estimator:                   PanelOLS   R-squared (Between):              1.0000
No. Observations:                9905   R-squared (Within):               1.0000
Date:                Wed, Nov 01 2023   R-squared (Overall):              1.0000
Time:                        14:39:02   Log-likelihood                 3.497e+05
Cov. Estimator:            Unadjusted
                                        F-statistic:                   1.487e+32
Entities:                        2160   P-value                           0.0000
Avg Obs:                       4.5856   Distribution:                 F(14,7731)
Min Obs:                       1.0000
Max Obs:                       9.0000   F-statistic (robust):          1.487e+32
                                        P-value                           0.0000
Time periods:                       9   Distribution:                 F(14,7731)
Avg Obs:                       1100.6
Min Obs:                       237.00
Max Obs:                       1966.0

                             Parameter Estimates
==============================================================================
            Parameter  Std. Err.     T-stat    P-value    Lower CI    Upper CI
------------------------------------------------------------------------------
const       2.066e-17  1.022e-16     0.2021     0.8399  -1.797e-16    2.21e-16
rd          1.504e-19  8.253e-17     0.0018     0.9985  -1.616e-16   1.619e-16
vbankcr        1.0000  1.608e-16  6.219e+15     0.0000      1.0000      1.0000
cbankcr      -1.17e-17  1.309e-16    -0.0894     0.9288  -2.684e-16    2.45e-16
vshortcr   -1.233e-17  1.705e-16    -0.0723     0.9423  -3.465e-16   3.219e-16
vlongcr    -1.721e-17   1.85e-16    -0.0930     0.9259  -3.799e-16   3.455e-16
clongcr     1.428e-17   1.61e-16     0.0887     0.9293  -3.012e-16   3.298e-16
opcash     -9.741e-17  1.098e-17    -8.8709     0.0000  -1.189e-16  -7.589e-17
ppe         2.199e-16  2.319e-17     9.4836     0.0000   1.744e-16   2.653e-16
roa           2.3e-18  4.355e-17     0.0528     0.9579  -8.308e-17   8.768e-17
cshortcr    5.031e-18   1.44e-16     0.0349     0.9721  -2.772e-16   2.873e-16
size        7.152e-19  5.096e-18     0.1404     0.8884  -9.274e-18    1.07e-17
lev        -6.325e-16  2.288e-17    -27.642     0.0000  -6.774e-16  -5.877e-16
absnda     -5.202e-17  1.324e-17    -3.9292     0.0001  -7.797e-17  -2.607e-17
age         7.566e-18   1.19e-18     6.3578     0.0000   5.233e-18   9.899e-18
==============================================================================
```

研究分析結果

銀行對企業信貸的強度不能有效的促進企業的創新和投入研發費用，其顯著的負向影響企業的研發強度。企業的研發強度也不能有效的提升企業獲取信貸的能力。

但樣本實證結果情況，可能與信貸資金的風控規律及創新企業的研發週期規律有關，所以在銀行信貸資金以外發展多層次的直接融資市場以及股權投資及風險投資行業，對促進國家的企業創新和研發投入較為重要。

如果考察調節效用，當地銀行分行數量代表的銀行競爭性，對解釋變量有正面的調節作用，即如果銀行業競爭加強的情況下，企業的創新投入研發的強度與信貸強度呈現更好的互動關係。

邏輯迴歸與案例分析

邏輯迴歸模型

我們在多元線性迴歸中，遇到的問題，被解釋變量通常是連續性變量，而解釋變量則可以是連續性變量或者離散變量。

在實際問題的研究中，我們通常面臨被解釋變量為離散變量的情況，尤其是 0，1 變量，或分類變量。

比如，如果我們研究 甚麼因素會影響課程的考試通過的概率？

設解釋變量為，「有效學習時間」、「入學前的專業與本門課程的相關度」。

那麼考試通過的概率是隨解釋變量（如學習時間）而線性增加的嗎？

圖 4-4

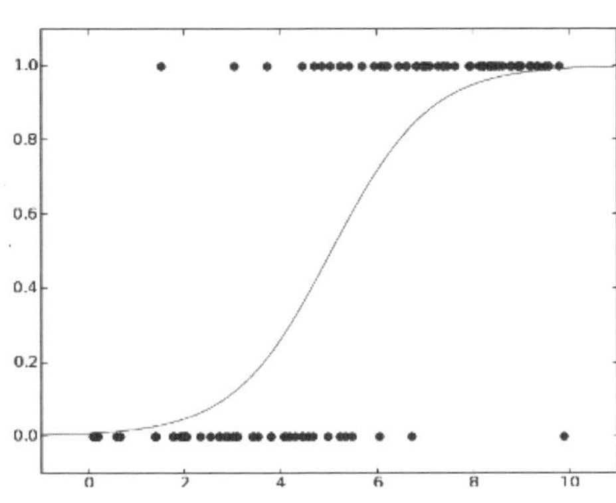

這個時候我們的解釋變量變為一個 0 和 1 的分類變量，1 代表通過，0 代表未通過。

因為解釋變量和被解釋變量之間並不是線性關係，所以不直接對虛擬變量（設為 D_i），而是引入一個無約束的變量 y_i，令：

$$y_i = \beta_0 + \beta_i X_i + \varepsilon_i$$

進一步：

$$D_i = \frac{1}{1+e^{-y_i}} = \frac{1}{1+e^{-(\beta_0+\beta_i X_i+\varepsilon_i)}}$$

可以得出：

$$\ln\left(\frac{D_i}{1-D_i}\right) = y_i = \beta_0 + \beta_1 X_i + \varepsilon_i$$

$\frac{D_i}{1-D_i}$ 通常被稱為機會比例（Odds Ratio），所以邏輯迴歸的寫法可以為：

迴歸係數的參數解釋：

$$L{:}\,\Pr(D_i = 1) = \beta_0 + \beta_i X_i + \varepsilon_i$$

即，學習時間每增加 1 小時，對應考試通過的概率是原來的 e^{β_i} 倍。

圖 4-5

Log likelihood = -4.5426028　　Pseudo R2 = 0.6864

是否通過	Coef.	Std. Err.	z	P>|z|	[95% Conf.	Interval]
有效學習時間	.325744	.188743	1.73	0.084	-.0441855	.6956734

按展示的製作數據的邏輯迴歸結果，即增加 $e^{0.3257} = 1.385$。在 90% 的置信區間，每增加一個小時的有效學習，通過的概率是原來的 1.385 倍。

Python 實戰代碼

我們導入所有港股上市公司近十年的的財務指標數據和併購數據。其中財務指標為連續性變量，是否併購為 0/1 變量。變量設置如下：

變量名	變量代碼
收入 / 總資產	income
債務比率	debt_r
融資淨現金流 / 總資產	FinanceCF
股權投資 / 總資產	Inv
總資產規模對數	lAsset/Size
現金 / 總資產	cash
投資收入 / 總資產	Inv_income
運營現金流 / 總資產	Operation
是否商譽淨值科目為正	M&A

實戰代碼：

```
import pandas as pd
import statsmodels.api as sm
# 1. 本地導入數據
data = pd.read_csv(file path/ 第四章 - 迴歸分析 / 邏輯迴歸案例 .csv")
# 2. 刪除 NaN 值
data = data.dropna()
# 分離因變量和自變量
X = data[["income","debt_r","FinanceCF","Inv","lAsset/Size","cash","Inv_income","OperationCF"]]
y = data["M&A"]
# 添加常數列作為迴歸模型的截距項
X = sm.add_constant(X)
```

```
# 構建邏輯迴歸模型
log_reg = sm.Logit(y, X)
result = log_reg.fit()
# 3. 輸出結果
print(result.summary())
```

```
Optimization terminated successfully.
         Current function value: 0.556416
         Iterations 7
                           Logit Regression Results
==============================================================================
Dep. Variable:                    M&A   No. Observations:                10750
Model:                          Logit   Df Residuals:                    10741
Method:                           MLE   Df Model:                            8
Date:                Sat, 04 Nov 2023   Pseudo R-squ.:                0.002750
Time:                        20:39:40   Log-Likelihood:                -5981.5
converged:                       True   LL-Null:                       -5998.0
Covariance Type:            nonrobust   LLR p-value:                 6.183e-05
================================================================================
                  coef    std err          z      P>|z|      [0.025      0.975]
--------------------------------------------------------------------------------
const          -0.8504      0.270     -3.154      0.002      -1.379      -0.322
income         -0.0042      0.002     -2.009      0.045      -0.008      -0.000
debt_r         -0.0166      0.017     -0.982      0.326      -0.050       0.017
FinanceCF       0.0013      0.001      1.123      0.261      -0.001       0.003
Inv          -1.85e-06      0.001     -0.002      0.998      -0.002       0.002
lAsset/Size    -0.0125      0.012     -1.024      0.306      -0.036       0.011
cash            0.0167      0.141      0.118      0.906      -0.261       0.294
Inv_income     -0.0242      0.013     -1.826      0.068      -0.050       0.002
OperationCF     0.0067      0.002      4.184      0.000       0.004       0.010
================================================================================
```

研究分析結果

港股上市公司的收入和運營現金流兩項變量，會顯著的提高企業進行併購的概率。貨幣資金和融資現金流對提高併購概率的影響則並不顯著。説明香港企業的併購更多由上市公司的內生需求而產生，相比而言，如果我們採集 Refinitiv 數據庫 2018 年至 2022 年的全球併購數據進行觀察，歐美金融體系的融資現金流帶來的併購動機則更為明顯。

第五章

資產定價模型與因子模型

我們在第四章的迴歸分析研究案例中，通過計量研究設計，解釋商業與金融領域的問題。迴歸與計量模型的使用，可以有助於我們以更加科學嚴謹的態度，觀察商業和金融領域的影響關係和因果關係。協助我們做出更好的商業判斷。

但在投資領域以及實證資產定價領域，我們關心的被解釋變量，通常就是該金融資產的收益率。以及如何設計實證研究模型，使得金融資產的收益率可以很好的被實證定價解釋。

CAPM 模型〔單因子（市場）模型〕

二十世紀六十年代，資本資產定價模型（Capital Asset Pricing Model, CAPM）問世。在 CAPM 提出之前，學界和業界對於如何影響一個公司的資本成本（Cost of Capital），進而如何影響資產預期收益率等話題，並沒有清晰的認識。直到 CAPM 出現，才首次清晰地描繪了風險和收益之間的關係。

$$E(R_i) - R_f = \beta_i(E(R_M) - R_f) + \alpha_i$$

其中$E(R_i)$是資產 i 的收益率期望值，R_f為市場無風險利率，R_M為市場組合的收益率（實踐中通常以市場指數收益率替代。但在理論中，CAPM 的推導過程，是假設所有投資者按均值和方差進行投資效用優化後，得出的均衡狀態下投資者持有的組合稱為市場組合，則理論中，所有風險資產都可以被這個市場組合進行線性解釋既定價。），$\beta_i = cov(R_i, R_M)/var(R_M)$ 刻畫了該資產收益對市場收益的敏感度。

β_i也是資產 i 對市場因子的暴露程度。在某些文獻中市場因子也被稱為防守因子。在設置多因子模型時，防守（市場）因子通常以 Beta 值（即模型中的β_i）進行設置。

單市場因子的資本資產定價模型是後續金融研究與資產定價領域大量線性多因子定價模型的研究開端，也使其成為學術界與對沖基金投資業界連接最為緊密的部分。

事實上，隨着七十年代布雷頓森林體系的瓦解，美元與黃金脱鈎的歷史大背景。CAPM 模型這個簡潔的數學表達式，在一定程度上，為二戰以後美國主導的金融體系中的金融資產定價奠定了的定價解釋基礎。將所有的金融資產的期望收益，與市場的收益的風險暴露度以及異象聯繫起來，進行刻畫。「黃金」為錨可以理解逐步的以「市場」為錨，所以，資本資產定價模型雖然簡單，卻對金融領域的學術意義頗為重大。

資本資產定價模型的另一層意義在於，將公司的資本要素成本與投資人投資的財富預期收益率，整合到了一個方程進行刻畫。資本要素對需要融資的企業而言是股本，而獲取股本需要付出資本要素成本，另一方面投資者投入財富是有預期的資產收益率的。該收益率，可以由該資產的期望收益率與市場的期望收益率的線性關係進行刻畫描述。

Python 實戰代碼

在案例中，我們使用 2020 年 1 月到 2021 年 12 月的港股日頻率收益率，其中以恆生指數的收益率為市場收益率，測算「長和」、「中移動」、「滙豐」、「騰訊」四支個股的 Beta 係數。

```
import numpy as np
import pandas as pd
import statsmodels.api as sm
# 讀取 CSV 數據
df = pd.read_csv(file path/ 第五章 - 資產定價與多因子模型 /CAPM
案例數據 .csv')
# 顯示數據的前五行，觀察數據是否成功寫入
df.head()
```

	Date	恒生指數	長和	中移動	滙豐	騰訊
0	2020/1/3	0.00000	-0.01000	-0.01000	-0.01000	0.00000
1	2020/1/6	-0.00792	-0.00742	-0.00233	-0.00662	-0.01462
2	2020/1/7	0.00340	-0.00680	-0.00700	-0.00167	0.02173
3	2020/1/8	-0.00827	-0.01232	0.00078	-0.01002	-0.00934
4	2020/1/9	0.01684	0.01871	0.01566	0.00927	0.02094

```
# 提取股票和市場收益率數據
market_returns = df['恆生指數']
# 定義股票列表和字典存儲結果
stocks = ['長和', '中移動', '滙豐', '騰訊']
results = {}
# 循環計算每支股票的 beta 和 alpha
for stock in stocks:
    stock_returns = df[stock]
    market_returns = sm.add_constant(market_returns)
    model = sm.OLS(stock_returns, market_returns)
    result = model.fit()
    # 存儲結果
    beta = result.params[1]
    alpha = result.params[0]
    results[stock] = {'beta': beta, 'alpha': alpha}
# 輸出結果
for stock in stocks:
    print(f"{stock} 的 Beta 係數 : {results[stock]['beta']}")
    print(f"{stock} 的 Alpha: {results[stock]['alpha']}")
    print('---')
# 結果顯示
長和的 Beta 係數 : 0.7840079466228731
長和的 Alpha: -0.0003580012934147398
———
中移動的 Beta 係數 : 0.7147358194026412
中移動的 Alpha: -0.0002505944844279831
———
滙豐的 Beta 係數 : 0.7591885501772163
```

滙豐的 Alpha: -0.00010573984514787523

騰訊的 Beta 係數 : 1.298442957577318

騰訊的 Alpha: 0.0010355775660532487

通過觀察係數情況，長和、中移動、滙豐三支個股相對於市場風險的暴露度即 Beta 係數均小於 1，市場每上漲或下跌 1%，該個股的上漲或下跌是小於 1% 的。Beta 係數小於 1 的個股可以用於熊市的防守策略。而騰訊的 Beta 係數大於 1，即市場沒上漲或下跌 1%，該個股的上漲或下跌會大於 1%。Beta 係數大於 1 的個股則可以用於牛市的進攻策略。

通過計量個股的市場風險暴露係數之外，也常用於檢測基金投資策略的市場風險暴露係數以及超額收益。

金融機構在管理客戶資產進行投資的時候，常規而言我們可以從收益率和波動率的角度以及夏普比率對基金經理的績效進行評價。而使用資本資產定價模型進行評價，則可以更好的判斷該基金經理的策略於市場的相對關係。

我們在資本資產定價模型中的 Alpha，實際上是指該基金的收益率無法被市場收益率線性解釋的部分，也稱為異象。我們有時候也會將正的 Alpha 稱為相對於市場的超額收益，但從單變量迴歸模型中的 Alpha 即異象，卻並不是直觀的完全等於基金收益超過市場收益率部分的收益。

我們也可以在實戰應用中，使用以下示例的代碼，分析基金經理的特徵。

Python 實戰代碼

我們選取了三支在 2011 年至 2021 年，業績表現優良的基金，採集每支基金於十年期間的月度收益率以及市場收益率。

```
import pandas as pd
```

從本地檔中讀取 CSV 數據

data = pd.read_csv(file path/ 第五章 - 資產定價與多因子模型 /CAPM 基金業績評價 .csv')

打印數據的前幾行

print(data.head())

```
     Date  Market  XingQuan  YinHe  JiaoYin
0  11-Jul   -1.34      4.58   0.84    -0.50
1  11-Aug   -4.88     -3.13  -0.96    -3.61
2  11-Sep   -9.15    -11.38  -8.90    -1.87
3  11-Oct    4.06      4.02   3.85     0.21
4  11-Nov   -5.35     -1.97  -0.22    -2.96
```

```
# 提取股票和市場收益率數據
market_returns_1 = data['Market']
# 定義股票列表和字典存儲結果
funds = ['XingQuan', 'YinHe', 'JiaoYin']
results = {}
# 循環計算每支股票的 beta 和 alpha
for fund in funds:
    fund_returns = data[fund]
    market_returns_1 = sm.add_constant(market_returns_1
    model = sm.OLS(fund_returns, market_returns_1)
    result = model.fit()
    # 存儲結果
    beta = result.params[1]
    alpha = result.params[0]
    results[fund] = {'beta': beta, 'alpha': alpha}
# 輸出結果
for fund in funds:
    print(f"{fund} 的 Beta 係數 : {results[fund]['beta']}")
    print(f"{fund} 的 Alpha: {results[fund]['alpha']}")
```

```
    print('---')
XingQuan 的 Beta 係數 : 0.862375169503777
XingQuan 的 Alpha: 1.3823020988162065
---
YinHe 的 Beta 係數 : 0.9013363023033463
YinHe 的 Alpha: 1.5548252380687622
---
JiaoYin 的 Beta 係數 : 0.8648857547340754
JiaoYin 的 Alpha: 1.5613912905790555
```

通過以上實戰的結果，我們可以獲知三支基金的 Beta 比率分別為 0.86、0.90、0.86，即基金策略對市場收益（風險）的暴露度均小於 1。

與前例的個股情況相比（四支個股只有騰訊在統計數據時段具有 Alpha 收益），三支基金均有正的異象，分別為 1.38、1.55、1.56。

我們可以將基金建立的投資策略組合視為一項金融資產，該金融資產也可以體現為基金份額。當我們考察業績優異的基金經理的時候，排名靠前的基金會有明顯的 Alpha 值。從投資的角度，如果有正向的 Alpha，可以證明基金經理的策略能力，並且其表現優於市場的能力。然而，如果從學術的角度，當金融資產有顯著的 Alpha，也被稱作異象，則證明現有的模型涵蓋的解釋變量並不能很好的解釋該資產的收益率來源，需要進行模型的優化，以便更好的描述該金融資產的收益來源。

所以，從資產定價的角度，資本資產定價模型僅以市場收益率作為一個模型變量的情況，則需要得到改善。在實證資產定價領域，逐步增加市場收益率以外的解釋變量，形成使用多因子模型進行實證定價的學術趨勢。

多因子模型

因子投資與價值投資的同源追溯與在業界常規分類是有差異的。在業界的分類中，通常把因子投資作為量化投資的主流方式，將其與價值投資的流派進行二元劃分。事實上，Graham and Dodd（1934）提出了價值溢價，以價值作為超額收益的驅動力因子，啟發了巴菲特等價值投資者，其著作 *Security Analysi*（《證券分析》）已是投資界經典作品。所以，價值投資本質上是可以溯源的最早的學術發表的單因子。因此，因子投資和價值投資在這個意義上是同源的。

到了六、七十年代，CAPM 模型的提出，則是提供了市場作為資產收益率的驅動力。

由於 CAPM 對整個金融業界和所有資產定價的普遍性相對於 Graham and Dodd（1934）的價值單因子而言更為普遍，多因子模型的研究學者中，更多認為 CAPM 模型打開了資產定價領域的第一範式。Fama-French 三因子模型則可以看做是對 CAPM 模型的完善，資本資產定價模型在數學上簡單而優雅，在數理邏輯上，史無前例完備性的表述了定價的邏輯，使投資業界與金融研究具備更強的科學屬性。然而，如果從投資業界的實際應用而言，只用市場系統性風險一個因子，顯然很難解釋在市場以外的其他各類對資產定價產生影響的因子。

$$E(R_i) - R_f = \beta_{i,MKT}\big(E(R_{MKT}) - R_f\big) + \beta_{i,SMB}\big(E(R_{SMB}) - R_f\big) + \beta_{i,HML}\big(E(R_{HML}) - R_f\big)$$

其中 $E(R_i)$ 表示股票 i 的期望收益率，$E(R_{MKT})$ 與資本資產定價模型一樣保留了市場因子的期望收益率，$E(R_{SMB})$ 為規模因子設定為市值因子的期望收益率，$E(R_{HML})$ 為價值因子設定為估值因子的期望收益率。

在實證研究的過程中，Fama and French（1993）使用了因子排序的方法，建立投資組合。

學術界研究因子是為了解釋資產定價中，在之前的學術研究中不能被解釋的定價部分，不斷拓展學術研究邊界，使資產定價（或投資的超額收益）可以被理性而科學的解釋。

所以，從業界出發再考量學術界量化模型的發展，應該説量化研究的出發點不是為了提高投資的數學門檻，或者將機構對沖基金的投資行為不斷的數據化，而是提高投資的科學性。數學是邏輯的符號系統，是為了使科學研究更加可溝通。鑒於此，量化的趨勢，在投資科學化理念的促使下以及技術可行與數據可行的發展下，也成為難以避免的趨勢。但與此同時，瞭解量化模型背後的行為驅動和金融邏輯，在使用純屬數據驅動的量化投資趨勢中，就顯得更加值得學術關注。

目前學術成果中主要可以解釋資產定價的歸因，發表成果簡單總結如下：

主要學術發表情況	資產定價歸因
Fama and Frech（1993）	市場、規模、價值
Carhart（1997）	市場、規模、價值、動量
Novy-Marx（2013）	市場、規模、價值、盈利
Fama and Frech（2015）	市場、規模、價值、盈利、投資
Hou et al（2015）	市場、規模、價值、投資
Stambaugh and Yuan（2017）	市場、規模、管理、表現
Daniel et al（2020）	市場、長週期行為、短週期行為
Ilmanen et al（2021）	價值、期權套利、動量、防守（實際也為市場因子）

時序迴歸與橫截面迴歸檢驗

時序模型因子暴露

由於因子模型構建投資組合後可以較為方便的計算出投資組合的收益率的時間序列。

設 λ_t 表示 t 期因子收益率向量，R_{it}^{e}為資產 i 在 t 期的超額收益率，二者在時序上滿足如下線性關係：

$$R_{it}^{e} = \alpha_i + \beta_i^{'}\lambda_t + \varepsilon_{it}$$

其中 i=（1,2，⋯N）代表有 N 種資產。

使用最小二乘法 OLS 進行迴歸和參數估計。迴歸後，可以得出資產 i 的係數估計值 $\widehat{\beta_i^{'}}$，以及截距估計值 $\widehat{\alpha}_i$ 和殘差估計值 $\widehat{\varepsilon_{it}}$。其中估計係數 $\widehat{\beta_i^{'}}$ 通常在業界稱作資產 i 在該項因子上的暴露度，是每提高一個單位的因子收益率對組合超額收益率的影響。

從模型的表達方式可以知道，時間序列的因子檢驗比較適合對應到投資組合或個股公司的因子解釋變量，如公司的基本面、投資組合的一些特徵等，但是該方法較難對宏觀因子進行處理。

橫截面模型與因子暴露

考慮以下方程：

$$R_{it}^{e} = \alpha_i + \beta_i^{'} f_t + \varepsilon_{it}$$

與時序檢驗不同的是，橫截面模型將因子收益率向量更換為因子變量的向量。比如研究 *ROE* 作為因子，在時序模型中解釋變量是 *ROE* 的因子構建的投資組合的收益率向量，而在此次就是 *ROE* 觀測值的向量。

通過與時序迴歸類似的方式，可以得到係數估計量 $\widehat{\beta_i^{'}}$ 的觀測值，從而將係數估計量作為新的解釋變量，設因子收益率為迴歸係數，解釋變量為超額收益的期望均值，建立新的橫截面方程：

$$E_T[R_i^e] = \widehat{\beta_i^{'}} \lambda + \alpha_i$$

再使用 Shanken（1992）的方法根據 λ 和 α_i 的標準誤進行估計係數的修正，得到因子暴露度的值。

Fama-MacBeth 迴歸檢驗

在時序迴歸和橫截面迴歸的基礎上，Fama-Macbeth 模型也是在第一步通過迴歸得到每個資產 i 在因子上的暴露 $\widehat{\beta_i'}$。第二步則區別於橫截面迴歸求均值期望值的方法，在每個時間點 t 上，以 $\widehat{\beta_i'}$ 為解釋變量，R_{it}^e 為被解釋變量，而一共進行 T 次的橫截面迴歸（如 t=(1,2,3⋯T）,T=100, 則需要進行 100 次的截面迴歸）。下一步再把 T 次迴歸的結果取平均，計算因子預期收益率和每個資產 i 的定價誤差的估計：

$$\hat{\lambda} = \frac{1}{T}\sum_{t=1}^{T}\hat{\lambda}_t$$

$$\widehat{\alpha_\iota} = \frac{1}{T}\sum_{t=1}^{T}\widehat{\alpha_{\iota t}}$$

Fama-Macbeth 方法的核心是把 T 次迴歸的結果當做 T 個獨立分佈的樣本。在此基礎上可以計算出 λ 和 α_i 的標準誤差，從而計算 t 統計量進行預期因子收益率的檢驗。

因子正交化

本小節僅做原理性闡述，不做實操要求。當我們進行因子分析的時候，學術界已經發現的因子達到數百個之多。然而，真正經典的多因子模型往往涉及的變量並不多，原因就在於如果兩個因子向量之間相關性問題。比如用市盈率和市淨率兩個因子，可能都屬於價值類因子，兩個因子之間可能具有相關性。從 Fama-MacBeth 橫截面迴歸求解因子收益率的時候，如果因子之間高相關則會導致因子收益率的標準誤增大，從而影響對因子收益率的檢驗。因子正交化主要是討論因子相關性的問題。而當我們描述某兩個因子正交時，直觀的理解是，該兩個因子從完全不同的兩個方向貢獻了超額收益。

假設迴歸模型 $y = bx + \varepsilon$，該一元 OLS 迴歸的參數估計為向量 x 和向量 y 的內積：$< x, y >= \sum_{i=1}^{N} x_i, y_i$，再除以$< x, x >$。如果多元迴歸中的所有解釋變量兩兩正交，即 $< x_i, x_j > = 0, i \neq j$，則向量 $\hat{b}$ 中的每一個係數估計值 $\widehat{b_\iota}$由：

$$\widehat{b_\iota} = \frac{< x_i, y \quad >}{< x_i, x_i >}$$

實際上$< x_i, x_j > = 0, i \neq j$是$X' \; X$是對角矩陣的條件。在這種極端假設兩兩解釋變量完全正交的情況下，可以知道多元迴歸的係數估計方程趨於一元迴歸的性質。

理論定價模型（APT 模型）與定價核

如果市場上不存在夏普比率無限大的投資機會即無套利假設下，那麼資產的期望收益率應該滿足以下關係：

$$E[R_i] = r_f + \sum_{k=1}^{K} \beta_{i,k}\lambda_k$$

其中，

$-E[R_i]$ 是資產 i 的期望收益率，

$-r_f$ 是無風險利率，

$-\beta_{i,k}$ 是資產 i 對因子 k 的敏感度（因子荷載），

$-\lambda_k$ 是因子 k 的風險價格。

資本資產定價模型 CAPM 可以看做是 APT 模型的一種特殊情況，即假設整個市場的參與者按照均值方差優化的理性形成了市場組合，那麼所有風險資產理論上可以被一個因子（市場因子）解釋，或進行風險定價。

隨機折現因子 (M_{t+1})（也叫定價核）的存在也是基於夏普比率有界線的假設下。對任何資產或投資組合 (i)，包括股票、債券、商品等等。其價格 (P_t) 和未來現金流 (CF_{t+1}) 之間的關係可以透過隨機折現因子 (M_{t+1})：表達為

$$[P_t = E_t[M_{t+1} \cdot CF_{t+1}]]$$

$$\left[M_{t+1} = M_0 + \sum_{k=1}^{K} \lambda_k \beta_{k,t+1}\right]$$

實證資產定價的因子模型，理論的 APT 模型將所有風險資產的定價透過定價核 $(\mathrm{M_{t+1}})$ 可以統一到一個資產定價的理論架構。

因子模型的量化實戰應用

從學術的角度，關於因子模型與實證資產定價的論文數量非常大，在本章中我們抽取了幾個要點。如果對因子模型的學術研究感興趣的讀者可以再進行專項的研究。

我們在本書後續的機器學習和深度學習的實戰章節中也會提及，常規的量化因子研究存在的問題是學術界雖然發掘了數百個因子來擴充定價模型，但如果我們仔細觀察每個因子的研究產生過程，通常只有少數的幾個控制變量進行檢測。而如果將大量的因子放在一起又會面臨過度擬合問題，所以因子研究在一定意義上只能進行稀疏型的表達。當然，即便如使用機器學習的深度學習的諸多學者如 Nagel、Xiu 等對稀疏性表達的因子模型的質疑性，本書的觀點還是認為探索少數幾個具有行為金融規律的變量，嘗試找出人類行為對金融資產變動的驅動力，依舊是有意義的。

由於機器學習和深度學習可以對大量的因子進行人工智能角度的處理（這部分我們在本書後面部分會進行探索），所以我們如果在進行單因子的挖掘、發現，進行量化探索的投資實戰路徑，使用效率可能是相對不高的。因此，本書建議的使用因子模型的方式區別與常規的挖掘因子的角度，而更多關注對超額收益來源的分析和風險控制。

我們以十年期為觀察長度，從市場上選取了三支十年期間能為投資者創造持續收益的投資策略。這三個策略分別是：興全合潤、銀河創新成長、交銀高端製造。

圖 5-1

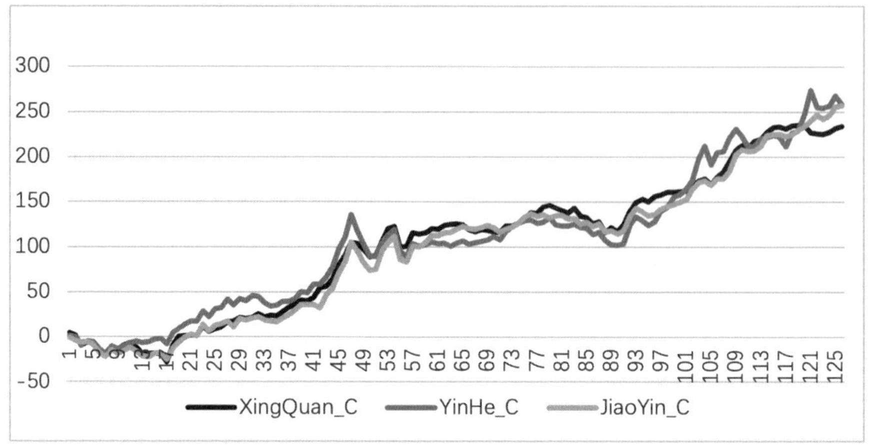

通過基金數據庫，我們篩選出的投資經理在 2011 年至 2021 年的十年間，平均年化收益最高的三支基金。

我們要解釋的問題是：

1. 這三支基金在 2011 至 2021 年創造了非常可觀的盈利，但是這種盈利可持續嗎？
2. 如何通過數據顯現的方式，探索這三支基金的投資經理具有哪些投資信念，從而驅動他們建立策略的邏輯？

接下來，我們對這三支基金的超額收益率向量進行分解，從而找到背後可解釋的驅動力。常規而言，我們去跟蹤全市場表現最好的策略的時候，比較傾向的是去跟蹤個股的組合。但事實上，個股僅僅只是投資經理在大量的研究和投資邏輯之後呈現出的一個表像。而我們真正應該關注的是形成投資組合背後，涵蓋了該投資經理的甚麼投資信念。這種信念可以來自於投資經理對信息和數據的消化後做出的反應，也可以來自於對某種投資理念的認同。

我們首先使用五因子模型的五個變量對超額收益進行分解，考察 XingQuan_C（興全合潤的十年月度累積收益率時間序列）在五因子因子變量下的線性分解情況。

變量名	變量的觀察值樣本數據的構建方式
XingQuan	中國 A 股於 2011 年至 2021 年年化收益率最高之一（興全合潤）的基金策略的月度收益率
MKT	月度市場回報率
SMB	小盤股組合和大盤股組合的月度收益率之差
HML	高帳上市值比組合和低帳上市值比組合的月度收益率之差
RMW	高盈利股票組合和低盈利股票組合的月收益率之差
CMA	低投資比例股票組合和高投資比例股票這的月收益率之差

* 變量名 _C 代表累積收益率

Python 實戰代碼

```
import pandas as pd
import numpy as np
import statsmodels.api as sm
# 讀取 CSV 數據
df = pd.read_csv(file path/ 第五章 - 資產定價與多因子模型 / 多因子數據 .csv')
# 數據清理
df_cleaned_any = df.dropna()
# 多元線性迴歸
X = df_cleaned_any[["MKT", "SMB", "HML","RMW","CMA"]]
y = df_cleaned_any["XingQuan"]
X = sm.add_constant(X)
model = sm.OLS(y, X)
results = model.fit()
print(results.summary() )
```

```
                            OLS Regression Results
==============================================================================
Dep. Variable:               XingQuan   R-squared:                       0.844
Model:                            OLS   Adj. R-squared:                  0.837
Method:                 Least Squares   F-statistic:                     129.8
Date:                Wed, 08 Nov 2023   Prob (F-statistic):           1.12e-46
Time:                        19:44:46   Log-Likelihood:                -292.62
No. Observations:                 126   AIC:                             597.2
Df Residuals:                     120   BIC:                             614.3
Df Model:                           5
Covariance Type:            nonrobust
==============================================================================
                 coef    std err          t      P>|t|      [0.025      0.975]
------------------------------------------------------------------------------
const          1.0766      0.231      4.657      0.000       0.619       1.534
MKT            0.8497      0.039     21.891      0.000       0.773       0.927
SMB            0.1500      0.078      1.931      0.056      -0.004       0.304
HML           -0.3471      0.080     -4.357      0.000      -0.505      -0.189
RMW            0.5321      0.136      3.908      0.000       0.263       0.802
CMA            0.0821      0.165      0.496      0.621      -0.246       0.410
==============================================================================
Omnibus:                        2.901   Durbin-Watson:                   1.699
Prob(Omnibus):                  0.234   Jarque-Bera (JB):                2.624
Skew:                           0.165   Prob(JB):                        0.269
Kurtosis:                       3.626   Cond. No.                         7.34
==============================================================================
```

從實證結果觀察，當我們使用五個變量對該投資策略的收益率進行解釋，其中有三個變量在 95% 置信區間是顯著的解釋變量，分別是 MKT、SMB、RMW。如果放寬至 90% 置信區間，則四個變量是顯著的。

我們統籌十年的長時間的數據觀察，可以發現該投資經理的投資信念邏輯中對企業盈利的偏好，對市場收益率的跟蹤偏好。所以即便我們不認識這位基金經理，但是通過長時間的累積的數據，也可以在收益率向量上分析出他的投資偏好。

但值得注意的是，該策略在盈利因子的暴露度是顯著為正的，而在價值因子（以市帳率為代表的相對估值是否便宜）的暴露度顯著為負。這也說明，A 股的情況就 2011 年至 2021 年的數據實證結果而言，市場其實更在乎一家公司是否盈利，而相對沒有那麼在乎公司在市帳率角度的估值是否便宜。這其中可能也有 A 股與美股構成結構的差異所帶來的實證差異。比如，A 股比較多國有企業，而美股主要是民營企業。我們也可以看到國有企業資產規模較大，市帳率雖然有優勢，但在實際實證結果看，國有企業市帳率的優勢較難被投資人認為具有投資價值。需要注意的是，我們的數據是在 2011 年至 2021 年，事實上，在 2022 年以市帳率為代表的該價值因子得到了一定程度的修復。

如果我們再進一步觀察迴歸係數，可以看到該投資經理在三個因子的暴露度，盈利因子的暴露度最高為 0.136，其次是小市值偏好和市場收益率。也就是說，當盈利最高的股票投資組合的收益率變動 1 個單位，該投資經理的策略對應變化 0.136 個單位。

圖 5-2 策略超額收益與因數收益的時間序列 (A 股 2011-2021 年)

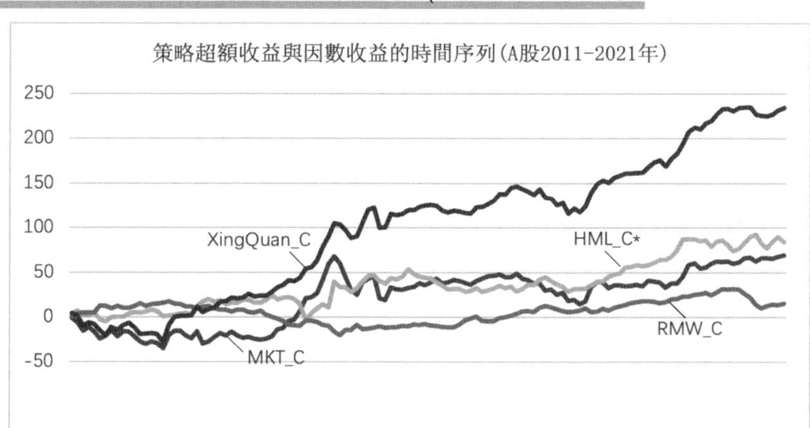

通過五因子模型的計量分析，我們篩選出了對基金超額收益率在 95% 置信區間顯著的解釋變量（因子），其中兩個為正向係數暴露，一個為負向係數暴露。我們將其中一個負向係數暴露的因子 HML 的樣本進行取負向值，轉化為正向因子 HML*。將對應收益率的累積收益率進行計算並圖示，其中 HML_C*、MKT_C、RMW_C 線代表的正收益，從圖示中我們也可以觀察到，三個因子收益的貢獻，顯著的構成了與全合潤整個策略的貢獻（Xing Quan_C）。

通過以上的分析，我們可以更清晰的看到，投資經理自身信念帶來的驅動對該投資經理的收益 / 風險比的暴露。如果從經營一家基金管理公司的管理層和風控的角度來看，我們通過因子暴露觀察每位投資經理在不同信念上的暴露度，可以有效的協助我們管理公司的整體風險。當然，這也是一體兩面，對於興全合潤這位投資經理，如果我們預先控制他在以市帳率為導向的價值因子的負向暴露度，那麼在 2011 年至 2021 年間，他則可能無法實現類似水平的優異業績，但如果對他進行因子暴露的管控的話，則可能避免 2022 年他在這一項的暴露帶來的回撤。

這就意味着，我們對投資個股進行風險控制的時候，圍繞着股票池的限定，收益 / 風險比，VaR 在險價值的衡量，回撤控制等傳統方式也許是合理的。但如果圍繞着對基金經理的風險控制，對因子暴露度的監控和管理，也是被通常接受的管理風險暴露的方式。事實上，如果我們只是針對比如夏普比率、在險價值等進行風險控制的話，其實更是一種結果導向。例如，我們定了一個不會發生澇災漲潮水位線數值指標，當然這個指標是重要的，但更重要的是分析天氣和氣象的各種影響因素與漲潮之間的關係，才能從更廣泛的角度去採集數據，預判和採取防範風險的措施。

在這裏也是類似的，如果我們對投資經理設置指標類的風控指標，也如同機械的設置水位線，我們從因子暴露度的角度，就類似從廣泛的影響策略收益率的各個變量去採集樣本數據，形成預判和風險管理的機制。這其中涉及到基本面和行為金融等代理變量對收益率驅動的關係，那麼可以開展更加深入的研究工作，去把握基金經理的個人信念與價值觀、企業特徵、市場金融行為趨勢變化這三者的關係，進行更全盤的風險體系的構建。當然，這也是基於更海量的數據和有效預測信息為基礎的體系。

我們再繼續使用五因子模型對第二支基金的超額收益顯著的基金進行分析。

Python 實戰代碼

```
import pandas as pd
import numpy as np
import statsmodels.api as sm
```

讀取 CSV 數據

df = pd.read_csv(file path/ 第五章 - 資產定價與多因子模型 / 多因子數據 .csv')

數據清理

df_cleaned_any = df.dropna()

X = df_cleaned_any[["MKT", "SMB", "HML","RMW","CMA"]]

y = df_cleaned_any["YinHe"]

X = sm.add_constant(X)

model = sm.OLS(y, X)

results = model.fit()

print(results.summary())

```
                            OLS Regression Results
==============================================================================
Dep. Variable:                  YinHe   R-squared:                       0.645
Model:                            OLS   Adj. R-squared:                  0.630
Method:                 Least Squares   F-statistic:                     43.52
Date:                Wed, 08 Nov 2023   Prob (F-statistic):           2.11e-25
Time:                        19:45:28   Log-Likelihood:                -385.82
No. Observations:                 126   AIC:                             783.6
Df Residuals:                     120   BIC:                             800.7
Df Model:                           5
Covariance Type:            nonrobust
==============================================================================
                 coef    std err          t      P>|t|      [0.025      0.975]
------------------------------------------------------------------------------
const          1.4550      0.484      3.004      0.003       0.496       2.414
MKT            0.7229      0.081      8.889      0.000       0.562       0.884
SMB           -0.2416      0.163     -1.484      0.140      -0.564       0.081
HML           -0.3016      0.167     -1.807      0.073      -0.632       0.029
RMW           -1.0410      0.285     -3.649      0.000      -1.606      -0.476
CMA           -1.3063      0.347     -3.768      0.000      -1.993      -0.620
==============================================================================
Omnibus:                       14.470   Durbin-Watson:                   2.219
Prob(Omnibus):                  0.001   Jarque-Bera (JB):               43.658
Skew:                           0.228   Prob(JB):                     3.31e-10
Kurtosis:                       5.847   Cond. No.                         7.34
==============================================================================
```

通過觀察迴歸結果，銀河創新成長的超額收益與興全合潤有不同的驅動來源，我們看到在市場（MKT）、盈利（RMW）、投資（CMA）三個解釋變量在 95% 置信區間內顯著影響被解釋變量。在興全合潤的基金策略中，對應投資經理並沒有顯著的暴露於投資因子，這裏需要注意的是投資因子（CMA）的定義是低投資比重的上市公司組合收益率減去高投資比重的上市公司的投資收益率，所以如果迴歸係數為負數，實際上是公司正向暴露於高投資比重的上市公司，與該基金的投資策略主要投資於科技創新公司的方向是吻合的。

而實證結果證明，從 2011 年至 2021 年的十年間，正向暴露於投資比重高的公司，負向暴露於盈利因子，可以產生市場領先的超額收益策略。

圖 5-3

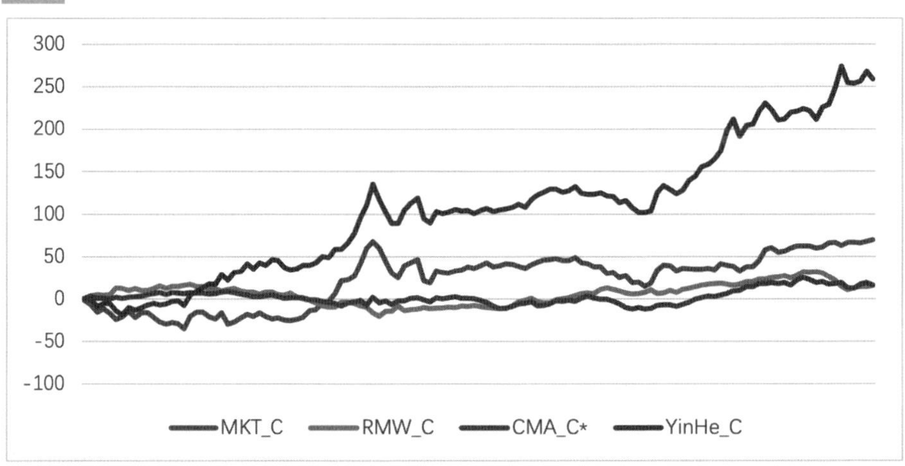

然而，如果我們觀測時間序列的線性圖，可以直觀的看到，與全合潤的收益率分解為市場因子（MKT）、價值因子反向（HML*）、盈利因子（RMW），因為該三個因子構造的投資組合收益率與投資經理十年間的累積收益率，相對更為接近。而銀河創新成長的三個顯著解釋變量，每個因子實際上貢獻的收益率與投資策略取得的收益率相比，還有較大差異。

這在計量結果中，也可以體現為兩個模型的 R 平方的差異，即模型的解釋力。我們看到使用五因子解釋與全合潤收益的模型，R 平方值達到了 0.84，而我們使用五因子模型解釋銀行創新成長的收益率的模型，R 平方值則只有 0.64。

所以，我們在選擇實證資產定價模型的時候，資產對解釋變量的暴露度（即迴歸係數）的顯著性以及模型的 R 平方，從不同角度描述着定價模型的有效性。在主要的實證資產定價文獻中，擬合優度 R 平方是主要的模型評估指標。

由於五因子模型的五個變量解釋銀河創新成長的超額收益率來源的 R 平方，相對較低，那麼在實戰的過程中，我們通常需要在捕捉新的解釋變量，增加到定價模型中，以提升模型的解釋力。

本案例中，我們按「60 日的移動均價的價格動量」為一個新的參考值，構建投資組合，並計算對應的投資組合收益率形成新的定價變量 Momentum，加入到原五因子模型中。

```
X = df_cleaned_any[["MKT", "SMB", "HML", "RMW", "CMA",
"Momentum"]]
y = df_cleaned_any["YinHe"]
X = sm.add_constant(X)
model = sm.OLS(y, X)
results = model.fit()
print(results.summary())
```

```
                            OLS Regression Results
==============================================================================
Dep. Variable:                  YinHe   R-squared:                       0.652
Model:                            OLS   Adj. R-squared:                  0.635
Method:                 Least Squares   F-statistic:                     37.22
Date:                Thu, 09 Nov 2023   Prob (F-statistic):           3.99e-25
Time:                        15:22:59   Log-Likelihood:                -384.41
No. Observations:                 126   AIC:                             782.8
Df Residuals:                     119   BIC:                             802.7
Df Model:                           6
Covariance Type:            nonrobust
==============================================================================
                 coef    std err          t      P>|t|      [0.025      0.975]
------------------------------------------------------------------------------
const          1.4777      0.481      3.071      0.003       0.525       2.431
MKT            0.9150      0.142      6.434      0.000       0.633       1.197
SMB           -0.3400      0.172     -1.972      0.051      -0.681       0.001
HML           -0.4086      0.178     -2.294      0.024      -0.761      -0.056
RMW           -0.8981      0.296     -3.031      0.003      -1.485      -0.311
CMA           -1.2976      0.344     -3.769      0.000      -1.979      -0.616
Momentum      -0.2189      0.133     -1.641      0.103      -0.483       0.045
==============================================================================
Omnibus:                       13.904   Durbin-Watson:                   2.256
Prob(Omnibus):                  0.001   Jarque-Bera (JB):               44.443
Skew:                           0.131   Prob(JB):                     2.23e-10
Kurtosis:                       5.898   Cond. No.                         9.47
==============================================================================
```

我們可以觀察到，新加入的動量因子，大約在 89.7% 置信區間顯著，即便我們加入的新的解釋變量並非很顯著，但也可以觀察到 R 平方微弱的提升。提高模型解釋力提升 R 平方的過程，也是不斷尋找新的顯著解釋變量的過程中，優化實證定價模型的過程。

我們使用加上動量因子的六個解釋變量的定價模型，對第三支基金「交銀高端製造」的收益率變量進行實證資產定價的分析。

```
import pandas as pd
import numpy as np
import statsmodels.api as sm
# 讀取 CSV 數據
df = pd.read_csv(file path/ 第五章 - 資產定價與多因子模型 / 多因子數據 .csv')
# 數據清理
df_cleaned_any = df.dropna()
```

X = df_cleaned_any[["MKT", "SMB", "HML","RMW","CMA", "Momentum"]]

y = df_cleaned_any["JiaoYin"]

X = sm.add_constant(X)

model = sm.OLS(y, X)

results = model.fit()

print(results.summary())

```
                            OLS Regression Results                            
==============================================================================
Dep. Variable:                JiaoYin   R-squared:                       0.837
Model:                            OLS   Adj. R-squared:                  0.829
Method:                 Least Squares   F-statistic:                     101.9
Date:                Thu, 09 Nov 2023   Prob (F-statistic):           1.71e-44
Time:                        15:46:28   Log-Likelihood:                -304.55
No. Observations:                 126   AIC:                             623.1
Df Residuals:                     119   BIC:                             643.0
Df Model:                           6                                         
Covariance Type:            nonrobust                                         
==============================================================================
                 coef    std err          t      P>|t|      [0.025      0.975]
------------------------------------------------------------------------------
const          1.3903      0.255      5.446      0.000       0.885       1.896
MKT            0.6989      0.075      9.263      0.000       0.550       0.848
SMB            0.3196      0.091      3.494      0.001       0.139       0.501
HML           -0.2235      0.094     -2.365      0.020      -0.411      -0.036
RMW           -0.2610      0.157     -1.660      0.100      -0.572       0.050
CMA           -0.4705      0.183     -2.575      0.011      -0.832      -0.109
Momentum       0.0303      0.071      0.428      0.669      -0.110       0.170
==============================================================================
Omnibus:                        6.718   Durbin-Watson:                   1.919
Prob(Omnibus):                  0.035   Jarque-Bera (JB):                6.328
Skew:                           0.530   Prob(JB):                       0.0423
Kurtosis:                       3.284   Cond. No.                         9.47
==============================================================================
```

我們可以觀察到，交銀高端製造主要在 90% 置信區間暴露於市場因子（MKT）、規模因子（SMB）、價值因子負向（HML）、盈利因子負向（RMW）、投資因子（CMA）。

但對於銀河創新成長的策略，暴露於 60 日移動均線動量的解釋變量則不顯著。相比而言，交銀高端製造的投資策略更加注重企業基本面，而並非動量或反轉等。

以上是我們通過解釋市場已經存在的超額收益的角度運用因子模型。

在學術研究中，這主要涉及到我們使用因子模型時，如何構造測試投資組合。在因子模型的兩端都是收益率的向量，在右端的收益率向量是由映射到個股的特徵進行排序（或評分排序）構造的投資組合帶來的收益率的時間序列（需要注意的是，解釋變量並不是該特徵的觀察值本身，而是該特徵構造的投資組合的收益率）；而左端的被解釋變量也是收益率向量，我們如何構造被解釋變量的收益率向量，其實也會影響到實證定價的模型。

因此，我們將超額收益的投資經理的收益率替換為個股收益率，可以考察因子模型定價的有效性。

變量名	定義	變量分類	數據觀察值數量
Return	個股的日收益率		901767
Volatility	由個股的對數收益率計算而來的波動率	風險	901767
Ret	個股的股息率	估值	318212
PE	個股的市盈率	估值	684135
PB	個股的市帳率	估值	684135
PCF	個股現金流與價格比例	估值	478570
PS	個股市銷率	估值	901767
NetProfitGrowth	上市公司利潤增長率	成長	898215
OperatingNCFGrowth	上市公司的淨現金流增長率	成長	884471

數據來源：中國經濟金融研究數據庫（China Stock Market & Accounting Research Database, CSMAR）

Python 實戰代碼

```
import pandas as pd
import numpy as np
import statsmodels.api as sm
# 讀取 CSV 數據
df = pd.read_csv(file path/ 第五章 - 資產定價與多因子模型 / 個股多因子 .csv')
```

數據清理

df_cleaned_any = df.dropna()

X = df_cleaned_any[["Volatility", "Ret", "PE","PB","PCF","PS","NetProfitGrowth","OperatingNCFGrowth"]]

y = df_cleaned_any["Return"]

X = sm.add_constant(X)

model = sm.OLS(y, X)

results = model.fit()

print(results.summary())

```
                            OLS Regression Results
==============================================================================
Dep. Variable:                 Return   R-squared:                       0.001
Model:                            OLS   Adj. R-squared:                  0.001
Method:                 Least Squares   F-statistic:                     17.19
Date:                Thu, 09 Nov 2023   Prob (F-statistic):           7.83e-26
Time:                        16:35:48   Log-Likelihood:             3.9495e+05
No. Observations:              184787   AIC:                        -7.899e+05
Df Residuals:                  184778   BIC:                        -7.898e+05
Df Model:                           8
Covariance Type:            nonrobust
======================================================================================
                         coef    std err          t      P>|t|      [0.025      0.975]
--------------------------------------------------------------------------------------
const                  0.0014      0.000      5.128      0.000       0.001       0.002
Volatility            -0.0038      0.001     -6.353      0.000      -0.005      -0.003
Ret                   -0.0001   3.46e-05     -3.256      0.001      -0.000   -4.49e-05
PE                  6.669e-06   1.18e-06      5.650      0.000    4.36e-06    8.98e-06
PB                     0.0002   3.05e-05      5.926      0.000       0.000       0.000
PCF                 1.064e-07   7.62e-08      1.397      0.163   -4.29e-08    2.56e-07
PS                 -2.461e-05   1.77e-05     -1.393      0.164   -5.92e-05       1e-05
NetProfitGrowth      3.87e-06   1.68e-05      0.230      0.818    -2.9e-05    3.68e-05
OperatingNCFGrowth -4.519e-06   6.51e-06     -0.694      0.488   -1.73e-05    8.24e-06
==============================================================================
Omnibus:                    20883.230   Durbin-Watson:                   1.934
Prob(Omnibus):                  0.000   Jarque-Bera (JB):            90050.325
Skew:                           0.495   Prob(JB):                         0.00
Kurtosis:                       6.274   Cond. No.                     8.83e+03
==============================================================================
```

通常觀察計量結果，若以個股日收益率為被解釋變量，個股相關特徵為解釋變量，我們建立的實證定價模型雖然發現了顯著的影響因子（比如股息率、波動率、市盈率、市帳率，四個顯著的變量影響個股收益率），但因為模型的 R 平方非常的低，只有 0.001。即想要構建一個多因子模型，以解釋所有個股的日收益率，（而不是解釋與預測表現最好幾個投資策略的收益率），那麼稀疏性的實證資產定價的問題就變的異常的艱難。

我們使用了八個解釋變量，卻只有極其低的擬合優度。這説明影響整個市場每只個股日收益的解釋變量可能是海量的，此外，在每個變量可能貢獻的預測信息都相對很小的問題。

因此，傳統的多因子模型，我們從中頻率數據（比如月度數據）切入，並以此來解釋整個市場在長期（比如十年）可以創造的超額收益來源，發現模型是比較有效的。如果我們是從事中長期投資的量化投資者，那麼使用中頻數據，挖掘超額因子是可行的投資策略。然而，值得關注的是，即使使用中頻數據進行中長期投資，對因子風格漂移的檢測和暴露的風險管理是運用量化因子模型的核心。比如我們本章節例舉的基金 1，在 2011 年至 2021 年雖然取得了傲人的投資業績，但通過量化風控檢測，我們發現該策略顯著的負向的暴露於市帳率表徵的價值因子。那麼在 2022 年國家倡導中特估，低市帳率的央企、國企個股價格進行修復的時候，由於該基金對相關因子的負向暴露，從而導致明顯回撤。從這意義而言，我們根據本章節描述的因子暴露的風險監控計量措施，可以有效的對相關問題進行管理。

因此，如果我們以中頻數據，研究超額收益的驅動力，並且有效的進行因子暴露度的風險監控，是可以運用到更為科學的方式為投資者創造相對可持續的價值。我們通過計量結果也發現，中頻數據挖掘的超額收益驅動力，雖然有動量等技術性因子的成分，但更多來自於企業的優質基本面特徵。這有利於資本市場的整體理性的發展，但也為我們提出了新的問題，如果超額收益來源於盈利成長、投資等驅動，那麼投資經理則要更具前瞻性，不能只是關注該因子，而需要更深度的研究影響該因子的因子。這是為甚麼我們在第四章多元迴歸中，會介紹常規的商業和金融領域的計量分析。

我們在本章最後，討論了面對全資本市場的所有個體股票的日收益率，構建因子模型進行預測。這事實上是站在整個資本市場全域所有個股的角度，且使用更高頻率的日頻率數據，試圖使用多因子模型對整體資本市場的個股收益率活動進行一個高度濃縮的建模行為。

無疑，這是艱難的。

我們使用了八個常見的因子變量，得到的模型解釋力卻非常微弱。基於此，我們在第七章會詳細表述，如何運用機器學習和人工神經網絡等機器智能以及更大量數據的方式，去開展這個看似難以完成的金融建模任務，探索實證資產定價的前沿方向。在進入這一部分之前，我們先對時間序列及波動率的模型進行展開。

第六章

時間序列及波動率相關模型

本課程介紹初步的時間序列模型。

時間序列分析的基本概念介紹

時間序列數據是指某個個體在多個時間點上收集到的數據。

y_{t-1} 稱為一階滯後變量，這個變量在 t 時刻的值等於變量 y_t 在 t-1 時刻的取值。y_{t-k} 稱為 k 階滯後變量。

$y_t - y_{t-1}$ 稱為變量的一階差分。

隨機過程是由一組定義在概率空間（Ω，F，P）上的隨機變量構成。設 Z 為足標集合，對任意固定 $t \in Z$，y_t 是隨機變量，$t \in Z$ 的全體 $\{y_t, t \in Z\}$ c 稱為隨機過程。記為 $\{y_t\}$。給定一個 $\omega \in \Omega$，$y(\omega) = \{y_t(\omega), t \in Z\}$ 是隨機過程的一個實現。通常如果 Z 連續，稱為隨機過程；Z 離散，稱為隨機序列。

大部分的時間序列數據分析案例的情況，Z 是連續的足標集合。

通常把觀測到的時間序列數據視為某個隨機過程的一個實現。

隨機過程自協方差函數：

$$\gamma_{ts} = cov(y_t, y_s)$$

自相關函數（ACF）

$$\rho_{ts} = \frac{cov(y_t, y_s)}{\sqrt{var(y_t)var(y_s)}}$$

如果一個隨機過程滿足以下條件，我們稱為協方差平穩：

1. 隨機變量的期望值是一個常數；

2. 隨機變量的方差是有界的；

3. 兩個時點的自協方差只與時間間隔有關與時點無關。

如果一個隨機過程滿足以下條件，我們稱為白噪聲：

1. 干擾項 ε_t 的期望值為零；

2. 方差為一個常數；

3. 兩個時點的干擾項的協方差等於零。

自迴歸模型（AR 模型）

$$y_t = c + \varphi_1 y_{t-1} + \varphi_2 y_{t-2} + \ldots + \varphi_p y_{t-p} + \varepsilon_t$$

其中 ε_t 為白噪聲擾動項，該模型稱為 P 階的自迴歸模型。被解釋變量為當期隨機變量，解釋變量為滯後期的隨機變量。

移動平均模型（MA 模型）

$$y_t = \mu + \varepsilon_t + \theta_1 \varepsilon_{t-1} + \ldots + \theta_q \varepsilon_{t-q}$$

其中ε_t為白噪聲擾動項，該模型稱為 q 階的移動平均模型。被解釋變量為當期的隨機變量，解釋變量為滯後期的擾動項。

偏自相關函數和信息準則的定階

$$\phi_{kk}\,, k = 1,2,\ldots$$

ϕ_{kk}，在 k 不同取值下，由下式中的$\phi_{11}\,, \phi_{22}\,, \ldots \phi_{kk}$組成

$$y_t = \phi_{11} y_{t-1} + \mu_t$$
$$y_t = \phi_{21} y_{t-1} + \phi_{22} y_{t-2} + \mu_t$$
$$\cdots\cdots$$
$$y_t = \phi_{k1} y_{t-1} + \phi_{k2} y_{t-2} \ldots + \phi_{kk} y_{t-k} + \mu_t$$

對於 $AR(P)$ 過程，當$k \leq p,\ \ \phi_{kk} \neq 0$；當$k > p\ \ ,\phi_{kk} = 0$。則通過自相關圖觀察在 P 以後有截尾特徵。

AIC 準則（Akaike's Information Criterion）

$$AIC(k) = ln\tilde{\sigma}^2 + 2k/T$$

其中 k 是模型的階，$\tilde{\sigma}^2$ 是階為 k 的條件下 $\boldsymbol{\varepsilon_t}$ 的方差的最大似然估計。$ln\tilde{\sigma}^2$ 代表了模型對數據的擬合優劣，此值越大擬合越差；$2k/T$是對模型複雜程度的懲罰，此值越大，模型越複雜，穩定性越差，對未來的情況的適應性也越差。在某個範圍內取 k 使得$AIC(k)$ 最小，就達成了擬合優度與模型簡單程度的折衷。

BIC 準則（Bayesian Information Criterion）：

$$BIC(k) = ln\tilde{\sigma}^2 + klnT/T$$

ARMA 模型的應用

將自迴歸模型和移動平均模型綜合則得到常用的 ARMA（p,q）模型：

$$y_t = c + \varphi_1 y_{t-1} + \varphi_2 y_{t-2} + \dots + \varphi_p y_{t-p} + \varepsilon_t$$
$$= \mu + \varepsilon_t + \theta_1 \varepsilon_{t-1} + \dots + \theta_q \varepsilon_{t-q}$$

Python 實戰代碼

```
import pandas as pd
from statsmodels.tsa.arima.model import ARIMA
import matplotlib.pyplot as plt
# 讀取數據
df = pd.read_csv(file path/ 第六章 - 時間序列模型 /HSI_1.csv')
# 將日期列轉換為 datetime 對象，並設置為索引
df['Date'] = pd.to_datetime(df['Date'], format='%Y-%m-%d')
df.set_index('Date', inplace=True)
# 提取恆生指數序列
HS_index = df['HSI']
# 創建並擬合 ARIMA 模型
model = ARIMA(HS_index, order=(2,0,2))
model_fit = model.fit()
# 輸出 ARIMA 模型的參數
print(model_fit.summary())
```

```
                              SARIMAX Results
==============================================================================
Dep. Variable:                    HSI   No. Observations:                  248
Model:                 ARIMA(2, 0, 2)   Log Likelihood               -1819.772
Date:                Thu, 09 Nov 2023   AIC                           3651.543
Time:                        21:09:08   BIC                           3672.624
Sample:                             0   HQIC                          3660.030
                                - 248
Covariance Type:                  opg
==============================================================================
                 coef    std err          z      P>|z|      [0.025      0.975]
------------------------------------------------------------------------------
const        -36.2190     26.720     -1.355      0.175     -88.590      16.152
ar.L1         -0.0263      0.171     -0.154      0.878      -0.360       0.308
ar.L2         -0.8379      0.149     -5.605      0.000      -1.131      -0.545
ma.L1          0.0831      0.195      0.426      0.670      -0.300       0.466
ma.L2          0.7586      0.188      4.028      0.000       0.389       1.128
sigma2       1.42e+05   9798.195     14.494      0.000    1.23e+05    1.61e+05
===================================================================================
Ljung-Box (L1) (Q):                   0.01   Jarque-Bera (JB):                54.07
Prob(Q):                              0.92   Prob(JB):                         0.00
Heteroskedasticity (H):               1.19   Skew:                             0.53
Prob(H) (two-sided):                  0.44   Kurtosis:                         5.03
===================================================================================
```

恆生指數一階差分（收益率時間序列）

圖 6-1

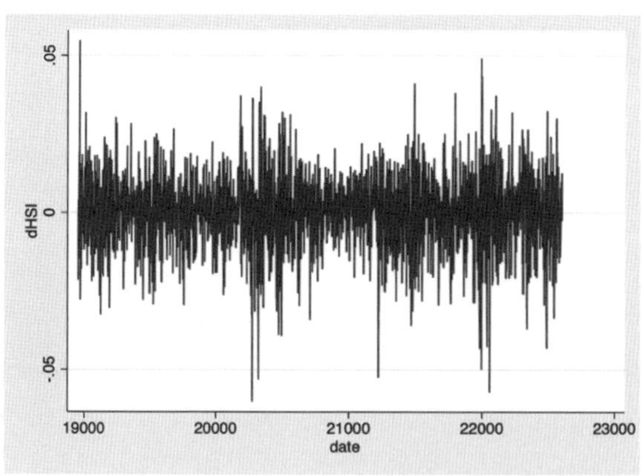

ARMA 模型預測結果

圖 6-2

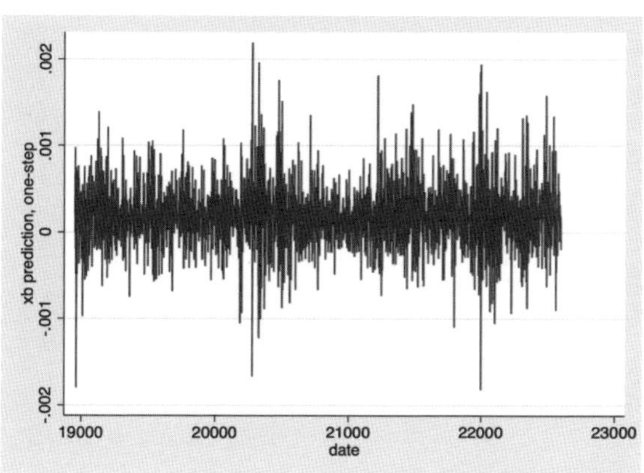

向量自迴歸模型（VAR 模型）與脈衝分析

解釋變量為這兩個變量的 p 階滯後值，則構成二元的向量自迴歸系統。

$$y_{1t} = \beta_{10} + \beta_{11}y_{1,t-1} + \cdots \beta_{1p}y_{1,t-1} + \lambda_{11}y_{2,t-1} + \cdots \lambda_{1p}y_{2,t-p} + \varepsilon_{1t}$$
$$y_{2t} = \beta_{20} + \beta_{21}y_{1,t-1} + \cdots \beta_{2p}y\gamma_{1,t-1} + \lambda_{21}y_{2,t-1} + \cdots \lambda_{2p}y_{2,t-p} + \varepsilon_{1t}$$

記 $y_t = \begin{matrix} y_{1t} \\ y_{2t} \end{matrix}$ 為向量形式，則可以寫作：

$$y_t = \begin{matrix} \beta_{10} \\ \beta_{20} \end{matrix} + \begin{bmatrix} \beta_{11} & \gamma_{11} \\ \beta_{21} & \lambda_{21} \end{bmatrix} y_{t-1} + \cdots + \begin{bmatrix} \beta_{1p} & \gamma_{1p} \\ \beta_{2p} & \lambda_{2p} \end{bmatrix} y_{t-p} + \varepsilon_{1t}$$

脈衝函數：

$$\psi_i = \frac{\partial y_t}{\partial \varepsilon_{t-j}}$$

脈衝函數衡量 VAR 模型系統中的衝擊變量的衝擊項對另一個變量的影響。

Python 實戰代碼

```
import pandas as pd
import matplotlib.pyplot as plt
from statsmodels.tsa.api import VAR
```

```
from statsmodels.tsa.vector_ar.irf import IRAnalysis
import pandas as pd
columns = ['US_rate', 'Korea']
# 從本地 CSV 文件導入數據
df = pd.read_csv(file path/ 第六章 - 時間序列模型 /VAR 數據 .csv', usecols=columns)
df = df.astype(float)
# 創建 VAR 模型
model = VAR(df)
# 擬合 VAR 模型
results = model.fit(maxlags=3, ic='aic')  # 指定滯後階數和信息準則
print(results.summary())
```

```
  Summary of Regression Results
==================================
Model:                         VAR
Method:                        OLS
Date:           Thu, 09, Nov, 2023
Time:                     22:53:20
--------------------------------------------------------------------
No. of Equations:         2.00000    BIC:                    9.96101
Nobs:                     4295.00    HQIC:                   9.94759
Log likelihood:          -33521.4    FPE:                    20749.1
AIC:                      9.94026    Det(Omega_mle):         20681.6
--------------------------------------------------------------------
Results for equation US_rate
=============================================================================
                coefficient       std. error           t-stat            prob
-----------------------------------------------------------------------------
const             -0.627794         0.063020           -9.962           0.000
L1.US_rate         0.460322         0.015673           29.371           0.000
L1.Korea           0.000141         0.000033            4.320           0.000
L2.US_rate         0.145006         0.017265            8.399           0.000
L2.Korea           0.000055         0.000036            1.528           0.126
L3.US_rate         0.063784         0.015682            4.067           0.000
L3.Korea           0.000177         0.000033            5.430           0.000
=============================================================================

Results for equation Korea
=============================================================================
                coefficient       std. error           t-stat            prob
-----------------------------------------------------------------------------
const            671.054179        30.243809           22.188           0.000
L1.US_rate        35.450741         7.521599            4.713           0.000
L1.Korea           0.462619         0.015683           29.499           0.000
L2.US_rate        14.203343         8.285746            1.714           0.086
L2.Korea           0.132275         0.017301            7.646           0.000
L3.US_rate        31.840826         7.525762            4.231           0.000
L3.Korea           0.072531         0.015680            4.626           0.000
=============================================================================

Correlation matrix of residuals
             US_rate     Korea
US_rate     1.000000 -0.252257
Korea      -0.252257  1.000000
```

```
# 繪製脈衝衝擊圖
irf = results.irf(10)
irf.plot(orth=False)
plt.show()
```

圖 6-3

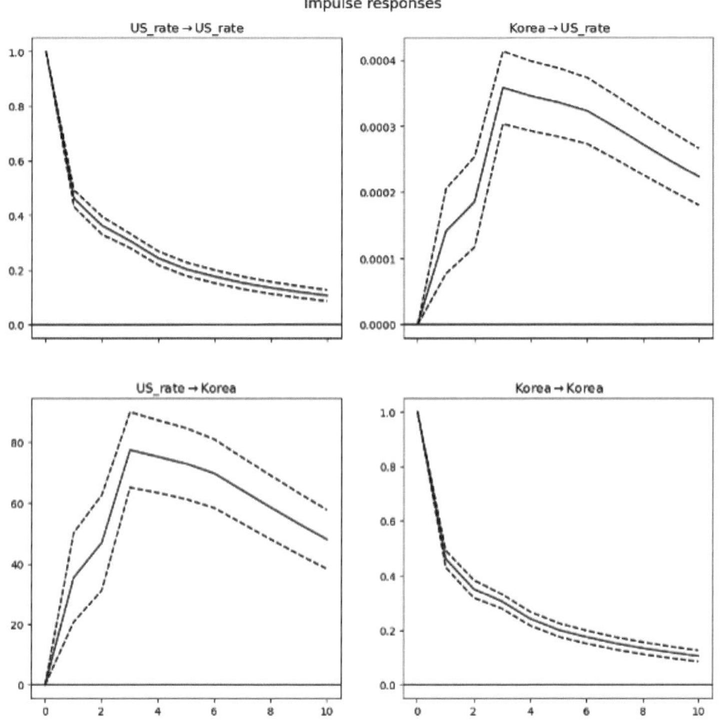

通過脈衝響應的分析，我們可以明顯的看到，美聯儲利率對韓國股票指數的明顯的負面衝擊。

而通過自迴歸的計量結果表，我們也可以看到美聯儲基礎利率一階滯後到三階滯後變量對韓國估值的影響都是顯著的。

Python 實戰代碼

```
import pandas as pd
import matplotlib.pyplot as plt
from statsmodels.tsa.api import VAR
from statsmodels.tsa.vector_ar.irf import IRAnalysis
import pandas as pd
```

```
df = df.astype(float)
# 創建 VAR 模型
model = VAR(df)
# 擬合 VAR 模型
results = model.fit(maxlags=3, ic='aic') # 指定滯後階數和信息準則
print(results.summary())
columns = ['US_rate', 'HSI']
# 從本地 CSV 文件導入數據
df = pd.read_csv(file path 第六章 - 時間序列模型 /VAR 數據 .csv', usecols=columns)
```

```
  Summary of Regression Results
==================================
Model:                         VAR
Method:                        OLS
Date:           Thu, 09, Nov, 2023
Time:                     22:51:26
--------------------------------------------------------------------
No. of Equations:         2.00000    BIC:                    3.45613
Nobs:                     4295.00    HQIC:                   3.44271
Log likelihood:          -19552.2    FPE:                    31.0434
AIC:                      3.43539    Det(Omega_mle):         30.9425
--------------------------------------------------------------------
Results for equation US_rate
============================================================================
                coefficient       std. error           t-stat          prob
----------------------------------------------------------------------------
const             -1.287906         0.078137          -16.483         0.000
L1.US_rate         0.395069         0.015272           25.869         0.000
L1.HSI             0.001479         0.000616            2.399         0.016
L2.US_rate         0.106665         0.016338            6.529         0.000
L2.HSI            -0.000862         0.001048           -0.822         0.411
L3.US_rate        -0.006198         0.015270           -0.406         0.685
L3.HSI            -0.000553         0.000617           -0.897         0.370
============================================================================

Results for equation HSI
============================================================================
                coefficient       std. error           t-stat          prob
----------------------------------------------------------------------------
const             -0.044187         1.464220           -0.030         0.976
L1.US_rate         0.539708         0.286187            1.886         0.059
L1.HSI             1.398831         0.011552          121.086         0.000
L2.US_rate         0.199930         0.306155            0.653         0.514
L2.HSI            -0.291040         0.019636          -14.822         0.000
L3.US_rate         0.293601         0.286147            1.026         0.305
L3.HSI            -0.107736         0.011557           -9.322         0.000
============================================================================

Correlation matrix of residuals
            US_rate       HSI
US_rate    1.000000  0.017589
HSI        0.017589  1.000000
```

```
# 繪製脈衝衝擊圖
irf = results.irf(10)
irf.plot(orth=False)
plt.show()
```

圖 6-4

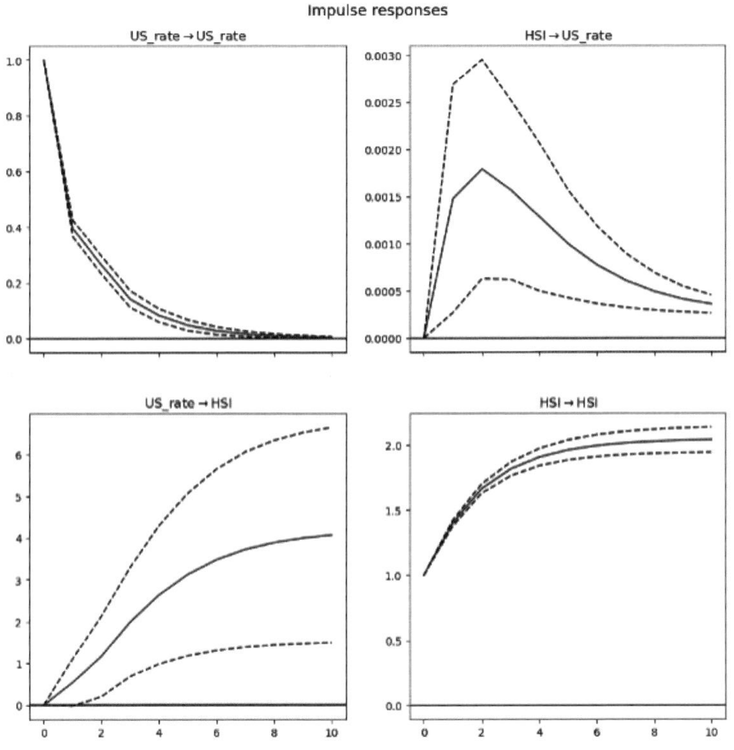

VAR 脈衝分析與因子收益率預測

本節我們觀察了一個宏觀的時間序列數據（美聯儲基礎利率）對亞洲市場的指數的脈衝效應，以及其滯後變量對指數的衝擊，從另一層面來考慮，因為指數收益率在我們的因子量化模型中也代表市場收益，是最常用因子之一。我們在資本資產定價模型中，也通過測試 Beta 係數，還可以知道個股或投資組合對市場收益率的暴露度，即對着指數收益變動而上下起伏的程度。在本小節的內容中，我們瞭解了在時間序列數據分析模型層面，觀察到了宏觀時間序列對市場收益的衝擊效應，優於相關迴歸結果也顯示了滯後階數和迴歸係數，我們可以從時間序列上宏觀的數據觀察提前預測該數據對市場收益率的影響，從而評估投資組合暴露於市場收益率的情況，進行提前的組合調整，規避相關波動。

自迴歸異方差模型（ARCH 模型）

使用市場因子變量的時間序列，如圖所示：

圖 6-5

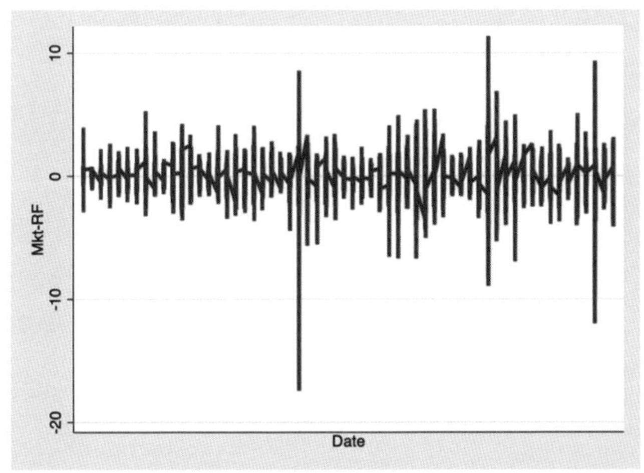

從圖表可以看出，市場收益率在某一點時間內劇烈波動，而另一段時間內又比較平和。直觀而言方差大的觀察值和方差小的觀察值「紮堆」，即描述為「波動性聚集」（Volatility Clustering）現象，這是金融領域時間序列數據的常見特徵。

ARCH 模型的出現是以數據特徵建模的一個經典學術理論案例，Engle（1982）發表的 ARCH 模型是金融數據領域的經典模型。

考慮一階的自迴歸模型：

$$y_t = \beta_0 + \beta_1 y_{t-1} + \varepsilon_t$$

記擾動項 ε_t 的條件方差為 $\sigma_t^2 = Var(\varepsilon_t|\varepsilon_{t-1}, \ldots)$，其中 σ_t^2 中的下標 t 表示條件方差可以隨時間而變。受到波動性聚集現象的啟發，假設 σ_t^2 取決於上一期擾動項的平方：

$$\sigma_t^2 = \alpha_0 + \alpha_1 \varepsilon_{t-1}^2$$

這就是 ARCH（1）擾動項。更一般性的，假設 ε_t 的生成過程：

$$\varepsilon_t = v_t \sqrt{\alpha_0 + \alpha_1 \varepsilon_{t-1}^2}$$

其中 v_t 為白噪聲，並將其方差標準化為 1，即 $Var(v_t) = E({v_t}^2) = 1$。假設 v_t、ε_{t-1} 相互獨立，且序列 $\{\varepsilon_t\}$ 為平穩過程，$\alpha_0 > 0, 0 < \alpha_1 < 1$。可以證明 ARCH（1）的表達式就是 $\alpha_0 + \alpha_1 \varepsilon_{t-1}^2$。$\alpha_1$ 越大則表示上一期擾動項之平方對當期條件方差的衝擊越大。

對於 ARCH（1）模型，如果 $\alpha_0 < 0$，或 $\alpha_1 < 0$，則可能出現條件方差小於零的情況。而 $\alpha_1 < 1$ 是為了滿足序列 $\{\varepsilon_t\}$ 為平穩過程，如果 $\alpha_1 > 1$，則 $Var(\varepsilon_t)$ 將隨着時間而增大，不再是平穩過程。很顯然序列 $\{\varepsilon_t\}$ 並非獨立同分佈的，所以需要跳出線性估計的範圍，則可以找到更優的非線性的估計，也就是通常所說的最大似然估計。

GARCH 模型

GARCH 是在 ARCH 的更一般化（G：general）推廣，其基本思想是在 ARCH 模型的基礎上，再加上 σ_t^2 的自迴歸部分，即 σ_t^2 同時還是序列 $\{\sigma_{t-1}^2, \ldots, \sigma_{t-p}^2\}$ 的函數。GARCH（p, q）的模型設定為：

$$\sigma_t^2 = \alpha_0 + \alpha_1 \varepsilon_{t-1}^2 + \cdots + \alpha_q \varepsilon_{t-q}^2 + \lambda_1 \sigma_{t-1}^2 + \cdots + \lambda_p \sigma_{t-p}^2$$

GARCH 模型表達式中，p 是 σ_t^2 的迴歸階數，q 是 ε_t 的滯後階數。在

Stata 中，稱 ε_{t-i}^2 為「ARCH 項」，σ_{t-i}^2 為「GARCH 項」。

綜上，我們可以知道在平穩時間序列下擾動項存在條件異方差時，需要使用 ARCH 和 GARCH 模型。

是否符合這個假設，通常可以使用兩階段 OLS 進行檢驗，首先使用 OLS 方法處理一階自迴歸模型：

$$y_t = \beta_0 + \beta_1 y_{t-1} + \varepsilon_t$$

生成殘差序列 $\{\varepsilon_t\}$，然後再用二階段的殘差平方和的多元線性自迴歸 OLS，進行 t 檢驗，從而判定擾動項是否存在異方差。

自迴歸異方差模型的應用

Python 實戰代碼

```
pip install arch
import pandas as pd
import numpy as np
import arch
columns = ['HSI']
# 從本地 CSV 文件導入數據
df = pd.read_csv( 第六章 /HIS_2.csv', usecols=columns)
df['HSI'] = pd.to_numeric(df['HSI'], errors='coerce')
# Construct ARCH(1) model
clean_data=df.dropna()
# Construct ARCH(1) model
model = arch.arch_model(clean_data, vol='Garch', p=1)
# Fit the model
results = model.fit()
# Print the model summary
print(results.summary())
```

```
                    Constant Mean - GARCH Model Results
==============================================================================
Dep. Variable:                      HSI   R-squared:                       0.000
Mean Model:               Constant Mean   Adj. R-squared:                  0.000
Vol Model:                        GARCH   Log-Likelihood:               -19006.7
Distribution:                    Normal   AIC:                           38021.3
Method:              Maximum Likelihood   BIC:                           38044.9
                                          No. Observations:                 2702
Date:                  Fri, Nov 10 2023   Df Residuals:                     2701
Time:                          10:40:39   Df Model:                            1
                                 Mean Model
=========================================================================
                 coef    std err          t      P>|t|  95.0% Conf. Int.
-------------------------------------------------------------------------
mu             7.3904      5.048      1.464      0.143 [ -2.503, 17.284]
                              Volatility Model
=============================================================================
                 coef    std err          t      P>|t|      95.0% Conf. Int.
-----------------------------------------------------------------------------
omega        836.3228    425.338      1.966  4.927e-02   [  2.677,1.670e+03]
alpha[1]       0.0455  1.024e-02      4.446  8.742e-06 [2.547e-02,6.562e-02]
beta[1]        0.9453  1.342e-02     70.420      0.000     [  0.919,  0.972]
=============================================================================
```

圖 6-6　ARCH 模型計算預測的恒生指數日收益率波動情況（2012-2022）

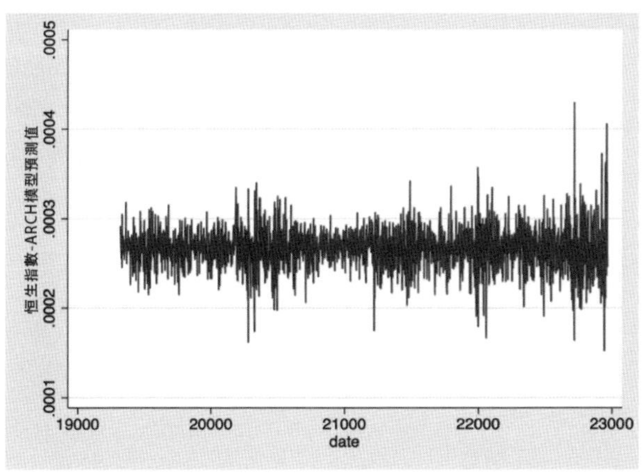

第六章　時間序列及波動率相關模型 •

圖 **6-7**　恆生指數實際日收益率波動率情況（**2012-2022**）

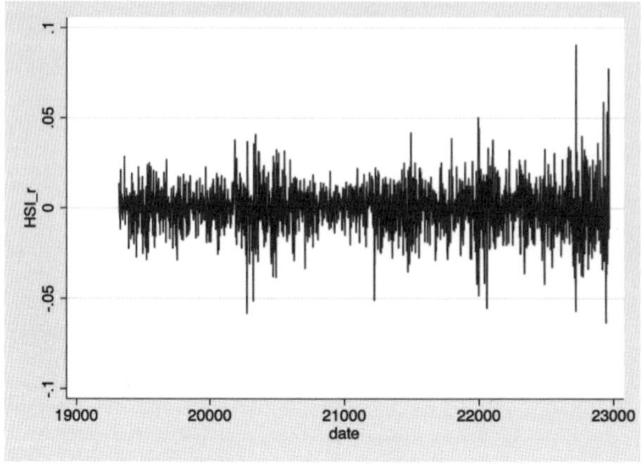

第七章

深度學習與實證資產定價

我們在第五章討論實證資產定價模型的過程中，探討了使用多因子模型預測某些超額收益率策略的來源，取得了較好的效果。然而，如果對整個資本市場所有個股收益率的定價和預測而言，我們討論了使用稀疏性的多因子模型，很難帶來良好的模型解釋力。本章節中，我們對近幾年國際學術界，逐步使用機器學習以及深度學習為工具，梳理更海量數據的實證資產定價研究的情況。並且提供深度學習進行資產定價和投資策略構建的實戰探索性方法。

深度學習發展歷程回顧

在常規意義的分類上，機器學習是人工智能的一個子集，而深度學習（Deep learning）又是機器學習的一個子集。從應用推行角度，人工智能概念從五十年代就開始，而機器學習相關的算法從八十年代才逐步開始。從算法結合代碼可工程化實施的角度來看，其實深度學習從 2010 年左右才開始逐步成為人工智能領域最主要的分支。狹義的深度學習，是一種以人工神經網絡為架構，對數據進行特徵學習的算法。廣義而言，在應用中，我們對數據進行特徵學習之後，可以用於預測行為也可以用於生成行為。

回顧深度學習的發展歷程，其實學術界的算法開發是可以追溯到二戰時期，但由於算力已經受到代碼工程化等其他領域的限制，算法的應用有很長的時間滯後。W.Pitts&W.Mculloch(1943) 基於人類大腦的神經網絡創建了一個計算模型，他們將算法和數學結合起來類比人類思維過程，稱之為「閾值邏輯」。H.Kelley&S.Dreyfus(1962) 構建了一個基於鏈式法則的簡單版本的反向傳播模型。相關算法由於本身相對有限的算力而言，較為低效，直到 1985 年左右才逐漸被人使用。Y.LeCun 於 1989 年在貝爾實驗室進行了第一次結合卷積神經網絡和反向傳播算法並將其應用於「手寫」數字識別，相關系統後續也被用來識別手寫支配號碼。S.Hochreitere&J. Schmidhuber（1997）創建了用於循環神經網絡的長短期記憶（LSTM）算法。

2001 年，Gartner 的一份研究報告描述了隨着數據來源和數據類型範圍的增加，數據量會不斷增加以及數據傳輸速度會不斷提高，號召大家對大數據時代做好準備。2009 年，Fei-Fei Li 組建了大型免費數據庫 ImageNet, 包含超過 1,400 萬張已標記的圖像。2011 年隨着 GPU 的優化，卷積神經網絡的應用，圖像識別以及電腦視覺領域、深度學習神經網絡得到了廣泛的開展。

在電腦語言發展對深度學習工程化時間的助力方面，2015 年谷歌大腦團隊發佈了 Tensorflow，2016 年至 2017 年 A.Paszke 等在 Github 開源了 Pytorch，在 Python 語言框架下，進行深度學習工程化開發的效率提升。

A.vaswani.et al.(2017) 創建了深度學習的注意力機制（attention is all you need），開啟了 Transformer 算法。A.Radford(2018) 改進了 Transformer 算法，用於生成式語言模型，開啟了 GPT-1 的模型訓練。後續 A.Radford(2019) T.Brown（2020）等人的學術發表，持續推動了 GPT-2、GPT-3 的算法優化。隨着 2022 年年底，GPT4.0 的發佈，大語言模型 LLM 在圖像識別領域之後，成為現時最為吸引人的人工智能應用。更有甚者，稱之為新的工業革命。

Python 代碼實戰

我們在神經網絡發展歷程的介紹中，回顧了深度神經網絡在圖像識別領域中相對於大語言模型以及金融數據使用的更早。所以在我們進入深度學習與資產定價的話題之前，為了大家更直觀的瞭解神經網絡的應用實戰，我們會先以常見的用於圖像識別的卷積神經網絡（CNN）作為實戰的案例展示。

卷積神經網絡是一種多層的監督學習神經網絡，主要由數據輸入層、卷積層、激勵層、池化層和全連接層組成，每層由單獨的神經元組成。輸入層是整個神經網絡的輸入，在處理圖像的卷積神經網絡中，輸入層一般為圖像的像素矩陣。卷積層包含 CNN 的重要卷積結構，該層中的每個神經元與上一層的局部輸出相連。對其進行更深入的分析從而提取到抽象程度更高的特徵，卷積得到的結構加上偏置後，通過 ReLU 激勵層得到特徵映射圖。

由於深度學習的代碼執行，需要的算力相比我們之前章節大大提升。讀者在使用本章的代碼時，需相對注意硬件的配置。總的來說，本書的實戰深度學習案例的設計和安排，儘量可以在不連接 GPU 的情況下，使用當下的 intel i9 或蘋果 M2 相當的 CPU 進行計算可以完成。我們重在介紹原理，讀者們在實戰中應用中，如果增加數量以及調整神經元數量等等，隨着參數量的提升，則需要相應提升算力的配置。

```
# 導入深度學習的 keras 模塊
import keras
from keras.models import Sequential
from keras.layers import Dense
from keras.utils import to_categorical
# 導入卷積層模塊
from keras.layers.convolutional import Conv2D # to add convolutional layers
# 導入池化層模塊
from keras.layers.convolutional import MaxPooling2D # to add pooling layers
# 導入全連接層模塊
from keras.layers import Flatten # to flatten data for fully connected layers
# 導入 keras.datasets 的 mnist 數據集
from keras.datasets import mnist
# 讀取數據
```

```
(X_train, y_train), (X_test, y_test) = mnist.load_data()
# r [samples][pixels][width][height]
X_train = X_train.reshape(X_train.shape[0], 28, 28,
1).astype('float32')
X_test = X_test.reshape(X_test.shape[0], 28, 28, 1).astype('float32')
#Normalize 訓練數據和測試數據
X_train = X_train / 255
X_test = X_test / 255
y_train = to_categorical(y_train)
y_test = to_categorical(y_test)
num_classes = y_test.shape[1] # number of categories
# 定義一個卷積神經網絡
def convolutional_model():
    # create model
    model = Sequential()
    model.add(Conv2D(16, (5, 5), strides=(1, 1), activation='relu',
input_shape=(28, 28, 1)))
    model.add(MaxPooling2D(pool_size=(2, 2), strides=(2, 2)))

    model.add(Flatten())
    model.add(Dense(100, activation='relu'))
    model.add(Dense(num_classes, activation='softmax'))

    # compile model
    model.compile(optimizer='adam', loss='categorical_crossentropy',
metrics=['accuracy'])
    return model
# 建立模型
model = convolutional_model()
# 訓練擬合
```

model.fit(X_train, y_train, validation_data=(X_test, y_test), epochs=10, batch_size=200, verbose=2)

評估模型

scores = model.evaluate(X_test, y_test, verbose=0)

print(“Accuracy: {} \n Error: {}”.format(scores[1], 100-scores[1]*100))

```
300/300 - 3s - loss: 0.2988 - accuracy: 0.9163 - val_loss: 0.1017 - val_accuracy: 0.9711 - 3s/epoch - 11ms/step
Epoch 2/10
300/300 - 3s - loss: 0.0893 - accuracy: 0.9744 - val_loss: 0.0612 - val_accuracy: 0.9805 - 3s/epoch - 10ms/step
Epoch 3/10
300/300 - 3s - loss: 0.0585 - accuracy: 0.9830 - val_loss: 0.0495 - val_accuracy: 0.9831 - 3s/epoch - 9ms/step
Epoch 4/10
300/300 - 3s - loss: 0.0454 - accuracy: 0.9865 - val_loss: 0.0450 - val_accuracy: 0.9847 - 3s/epoch - 9ms/step
Epoch 5/10
300/300 - 3s - loss: 0.0375 - accuracy: 0.9887 - val_loss: 0.0388 - val_accuracy: 0.9876 - 3s/epoch - 10ms/step
Epoch 6/10
300/300 - 3s - loss: 0.0301 - accuracy: 0.9912 - val_loss: 0.0374 - val_accuracy: 0.9872 - 3s/epoch - 10ms/step
Epoch 7/10
300/300 - 3s - loss: 0.0256 - accuracy: 0.9926 - val_loss: 0.0386 - val_accuracy: 0.9869 - 3s/epoch - 9ms/step
Epoch 8/10
300/300 - 3s - loss: 0.0209 - accuracy: 0.9937 - val_loss: 0.0337 - val_accuracy: 0.9889 - 3s/epoch - 9ms/step
Epoch 9/10
300/300 - 3s - loss: 0.0170 - accuracy: 0.9950 - val_loss: 0.0349 - val_accuracy: 0.9894 - 3s/epoch - 9ms/step
Epoch 10/10
300/300 - 3s - loss: 0.0143 - accuracy: 0.9961 - val_loss: 0.0340 - val_accuracy: 0.9891 - 3s/epoch - 9ms/step
Accuracy: 0.9890999794006348
 Error: 1.0900020599365234
```

實證資產定價與機器學習

從早期的 Markowitz 提出均值方差的組合範式，到 Sharp、Lintner 等構想資本資產定價模型，Black、Scholes 發現期權定價公式，再到 Fama、French 總結多因子模型，每一次的學術發展進程，都對金融業界帶來了不少根本性的變化。本書在某種程度上，也重現了這個進程，並且以 A 股和港股的中國市場數據，進行例舉和應用。

然而，到多因子模型的學術發展節點，大家也逐漸發現，在研究資產定價的過程中，通過設置少量幾個變量試圖尋找出規律性的方法，可能面臨一定的困難。我們在第五章的實戰案例中已經有所展示，對於捕捉中長期收益的定價驅動來源而言，也許稀疏性假設下通過尋找少量的變量的路徑是有一定意義的，但這個意義可能也會受限於測試資產的選擇。

為了更直觀看到稀疏性假設以及金融變量的信噪比特徵，我們首先使用數十個的因子，觀察變量對預測目標變量的信息增益情況。

我們使用互信息計算某個因子（特徵）和股票報酬率之間的信息增益（Information Gain, IC）。數學上，互信息可以定義為兩個隨機變量之間的相對熵。

給定兩個隨機變量 (X) 和 (Y)，它們的互信息 $(I(X;Y))$ 定義為：

$$[I(X;Y) = \sum_{y \in Y} \sum_{x \in X} p(x,y) \log\left(\frac{p(x,y)}{p(x)p(y)}\right)]$$

其中：

- $(p(x,y))$ 是 (X) 和 (Y) 的聯合機率分佈。

- $(p(x))$ 和 $(p(y))$ 分別是 (X) 和 (Y) 的邊緣機率分佈。

- $(\log)$ 是對數函數，通常使用自然對數。

另外互信息也可以從熵的角度來理解，它表示了知道一個變量後另一個變量不確定性減少的量。具體地，互信息可以表示為：

$$[I(X;Y) = H(X) - H(X|Y) = H(Y) - H(Y|X)]$$

- $(H(X))$ 是 (X) 的熵，表示 (X) 的不確定性。

- $(H(X|Y))$ 是給定 (Y) 後 (X) 的條件熵，表示在已知 (Y) 的情況下，(X) 的不確定性。

- 同理，$(H(Y))$ 和 $(H(X|Y))$ 分別表示 (Y) 的熵和給定 (X) 後 (Y) 的條件熵。

在分析中，（X）可以是某個因子的值，而（Y）可以是股票的未來報酬率。通過計算（I（$X; Y$）），我們可以指導該因子與股票收益率之間共享的信息量，從而評估該因子在預測股票收益率方面的價值或「增益」。

Python 代碼實戰

```
import pandas as pd
import numpy as np
from sklearn.feature_selection import mutual_info_regression
import matplotlib.pyplot as plt
import seaborn as sns
# 從本地路徑讀取數據
df = pd.read_csv(file path/ 第七章 /DL_Data1.csv')
df.head()
```

```
# 3. 清理刪除數據的 null 值
df = df.dropna()
# 設 'return' 列是我們要預測的股票收益率
y = df['Return']
X = df.drop(columns=['Return'])
# 測試每個 feature 在預測個股收益率的信息增益 IC，並根據測試結果按從高到低進行排序
feature_scores = mutual_info_regression(X, y)
feature_scores_series = pd.Series(feature_scores, index=X.columns)
feature_scores_series = feature_scores_series.sort_values(ascending=False)
# 用橫條圖對前十名的 feature 進行視覺化展示
top_10_features = feature_scores_series[:10]
plt.figure(figsize=(10, 5))
sns.barplot(x=top_10_features.index, y=top_10_features.values, palette="Blues_d")
plt.title('Top 10 Features by Information Gain')
plt.ylabel('Information Gain')
plt.xticks(rotation=45)
plt.show()
print(feature_scores_series)
```

圖 7-1

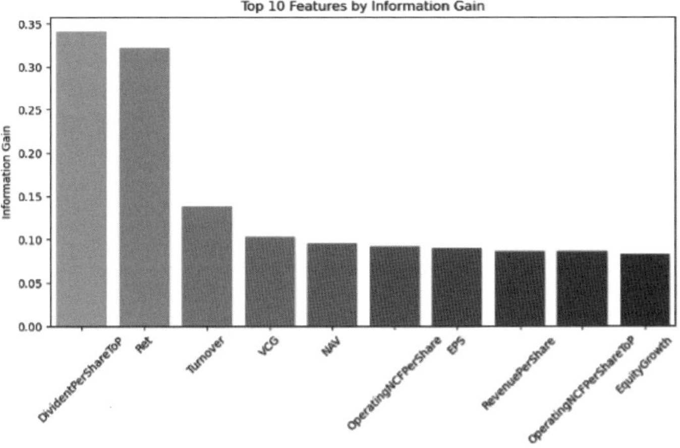


```
DividentPerShareToP        0.340335
Ret                        0.321967
Turnover                   0.137845
VCG                        0.103156
NAV                        0.095078
OperatingNCFPerShare       0.091668
EPS                        0.089359
RevenuePerShare            0.086288
OperatingNCFPerShareToP    0.086187
EquityGrowth               0.082256
PB                         0.081720
RevenueGrowth              0.077080
OGS                        0.075748
NetProfitGrowth            0.073405
PS                         0.072820
OperatingNCFGrowth         0.070562
PE                         0.070473
RevenuePerShareToP         0.069901
EPSToP                     0.060300
NAVToP                     0.059728
OVS                        0.059575
PCF                        0.059221
Volatility                 0.057634
DividentPerShare           0.052627
NonSysRisk1                0.028567
Beta2                      0.021198
NonSysRisk2                0.019950
ARsq2                      0.015193
Rsq2                       0.015170
Liquidility                0.014699
Beta1                      0.014276
Cor2                       0.013797
Cor1                       0.011623
ARsq1                      0.011451
Rsq1                       0.011444
dtype: float64
```

通過以上對數十個因子變量，在預測股票收益率方面的信息增益的觀察，我們可以看到的一個現實情況，平均而言，每個因子提供的預測信息含量都相對有限，且每個因子都攜帶了一定的預測信息。

這預示了，如果我們使用傳統的多因子模型在解釋 A 股個股的正收益率的情況下，加入我們稀疏性的挑選幾個變量，那麼必然會面臨損失其他變量的預測信息。然而如果不做變量的取捨，使用第四章和第五章的分析方法，則面臨變量數太多的過度擬合問題，使得計量方面的研究難以推進。

所以，機器學習線性迴歸下的控制擬合的方法便變得比較重要了。

機器學習和資產定價領域結合的新的學術方向，在學術界近五年左右發展較為快速，對學術思想和金融業界的緊密融合再一次創造了非常好的機遇。在業界方面，近年來，國際頭部的對沖基金公司，對神經網絡、自然語言處理、另類數據等方向都有極大的投入和關注，效果和影響也在逐步釋放。

資產定價領域而言更廣泛的機器學習模型的使用已經有不少理論和實證的研究成果，比如，Nagel et al.（2020）使用 Ridge 迴歸並在參數設定中加入夏普比率有界的先驗；Freyberger et al.（2020）使用 Lasso 選擇方法估計個股匯報的風險議價等等；Gu et al.（2020）等人還對各類機器學習算法進行了綜合的比較。

基於 Gu et al.（2020）的比較，人工神經網絡的深度學習算法，相比其他機器學習算法，具有一定優勢。（在涉及線性問題中，使用嶺迴歸或拉索迴歸等常規機器學習方法也具有可比性，但對非線性問題則人工神經網絡展現出更大優勢）。Messmer（2017）and Feng et al.（2018）也都使用類似 Gu et al.（2020）深度神經網絡在構造個股預測模型方面取得了較好的實證結果。

在本章中我們主要先來觀察一下常規的機器學習的線性方法，即嶺迴歸和拉索迴歸。

在一個線性迴歸模型中，我們假設函數$f(x_i)$是線性的，即：

$$y_i = x_i^{'} g + \varepsilon_i$$

其中 g 代表未知迴歸係數向量。雖然從 y_i 和 x_i 的元素之間的關係來看該模型是線性的，但是向量 x_i 中可以包含預測變量的非線性變換，從而通過非線性變換變量的線性模型來描述非線性關係。但常規而言，我們使用機器學習的迴歸，通常是認為解釋變量和被解釋變量之間為線性關係。另外我們在使用機器學習章節的時候，也需要注意計算機學科和計量經濟學科的術語差別。在計量模型中的解釋變量通常是機器學習中的特徵（Features），而被解釋變量通常是機器學習中的目標（Target）。機器學習的目的則在於，使用訓練器發現特徵和目標的函數關係，從而通過該函數關係，在新的特徵進行的時候，使用訓練結構的函數關係預測目標。

假設訓練集中有 N 個觀測值，我們將其視為 $N*1$ 維向量 $y = (y_1, y_2, \dots, y_N)^{'}$ 和 $N*K$ 矩陣 $X = (x_1, x_2, \dots, x_N)^{'}$。估計 g 的一種常見方法是選擇 g 使得誤差平方和最小，即目標函數為：

$$\min_g (y - Xg)(y - Xg)^{'}$$

將目標函數的 g 進行微分，令一階導數為零並求解 g, 便是我們前面提到的普通最小二乘（OLS）估計量：

$$\hat{g} = (X^{'} X)^{-1} X^{'} y$$

以及樣本內的擬合值：

$$\hat{y} = X\hat{g}$$

在高維度環境中，即當 K 相對於 N 而言並不小甚至比 N 更大的情況下，事實上，在海量因子變量作為定價解釋和預測變量的時候，是比較經常遇到的情況。基於 OSL 估計值的預測可能會面臨過度擬合的問題，難以發揮預測作用。導致這個問題的主要原因是，當我們使用相對於觀測數量而言比較多的解釋變量時，OLS 會調整來擬合噪聲而非真實信號，從而造成嚴重的過擬合。這些樣本內看似可預測的模式並不會在樣本外重現。

在機器學習的迴歸環境下，我們通常使用比常規計量經濟學範疇內，更大量的變量，因為 K 相對於 N 而言比較大是非常常見的情況。在這種情況下，我們機器學習範疇內，解決過度擬合的方法是增加懲罰係數。通過嶺迴歸和拉索迴歸的方式，處理比較大量的變量，而避免過度擬合。

Hoerl & Kennard（1970）構建的嶺迴歸方式，其優化的目標是在最小化與 OLS 相同的誤差平方和損失函數的基礎上，補充了 L^2 範數懲罰項 $g' g$：

$$\min_g \left[\frac{1}{N}(y - Xg)'(y - Xg) + \gamma g' g\right]$$

因此，嶺迴歸的目標函數相比 OLS 而言，增加為兩個部分。第一個部分代表原損失函數即 OLS 迴歸最小化這部分。第二部分表示懲罰項，其中超參數 γ 控制懲罰的強度。

對以上最小化求解可知：

$$\hat{g} = (X' X + \gamma I_k)^{-1} X' y$$

直觀的說，懲罰項 $g' g$ 的存在將對 $\hat{g}$ 中取值幅度過高的元素進行懲罰。嶺迴歸中的 L^2 收縮是一個通過正則化防止過擬合的例子。事實上，不論是線性模型的機器學習，還是涉及到更複雜的神經網絡模型，正則化都是主要的防止模型過擬合，導致機器學習過程難以收縮的情況下的主要解決方法之一。

我們在第四章使用的 OLS 最小二乘下的常規迴歸和計量，則可以看作是 γ 為零的一個嶺迴歸的特例。然而，如果不考慮在大數據時代的變量數量激增情況，γ 為零會是更常見的參數設定。

與嶺迴歸類似的，Tibsshiran（1996）提出的拉索迴歸（Lasso）則是設置 L^1 範數罰項 $\|g\|_1 = \sum_{j=1}^{K} |g_i|$ 進行懲罰。相應的拉索迴歸的目標函

數為：

$$\min_{g}[\frac{1}{N}(y-Xg)'\ (y-Xg)+\gamma\sum_{j=1}^{K}|g_i|]$$

與嶺迴歸不同的是，拉索迴歸的最小化函數的解並不會依賴於 y 且該解不存在解析式，但是包括 Hastie et al.（2009）最小角迴歸（LARS）算法在內的一些算法可以求出拉索迴歸的數值解。

和嶺迴歸的情況類似，這種懲罰規劃也會使機器學習過程更好的進行收縮。但相比於嶺迴歸，拉索迴歸的收縮可能會收縮至一個稀疏的結果，即變量係數估計值包含少數個非零元素，而嶺迴歸收縮的結果則會更多保留大部分的非零係數。

所以，我們在選擇使用嶺迴歸還是拉索迴歸的時候，就因子模型分析而言，拉索迴歸傾向於在海量的變量中幫我們篩選出少數幾個貢獻最大的變量，從而通過機器學習從海量變量的模型優化為一個稀疏性的模型。事實上，這個過程就類似於我們從海量定價因子中研究發現定價因子的一個因子挖掘的過程。而嶺迴歸則傾向於更大比例的保留輸入的變量，並防止其過度擬合，通過收縮儘量保留各變量的信息於模型之中。

Zou & Hastie（2005）提出彈性網算法則結合了嶺迴歸和拉索迴歸的兩個懲罰項：

$$\min_{g}[\frac{1}{N}(y-Xg)'\ (y-Xg)+\gamma g'\ g+\gamma\sum_{j=1}^{K}|g_i|]$$

彈性網會將一些迴歸係數設為零，但它也並非像拉索迴歸那樣強調變量的選擇，而是會同時對迴歸係數採取一些類似嶺迴歸的收縮。

Python 代碼實戰

我們本節的代碼實戰選擇嶺迴歸作為示例，意在保留大部分因子的情況下，構建定價模型。

我們合併了 CSMAR 數據庫中的三個因子單表庫，將名稱不同但定義高度類似的變量進行整理，刪除重複性的變量，得到一共有 36 個觀察變量，涵蓋：

1. 個股基本面風格；
2. 個股的技術面特徵；
3. 個股的風險評估因子。

以下是 36 個變量，整個數據集合計約為 280 萬個樣本觀察值的數據情況。

	count	mean	std	min
Return	78557.0	0.020894	0.022098	0.000100
Volatility	78557.0	0.442191	0.121135	0.099045
Beta1	78557.0	1.051917	0.349434	-0.008038
Beta2	78557.0	1.052294	0.354567	-0.014874
Cor1	78557.0	0.396855	0.121973	-0.003894
Cor2	78557.0	0.400965	0.122510	-0.007352
NonSysRisk1	78557.0	0.033653	0.022295	0.000001
NonSysRisk2	78557.0	0.034582	0.023144	0.000000
Rsq1	78557.0	0.172371	0.099499	0.000014
Rsq2	78557.0	0.175782	0.100487	0.000000
ARsq1	78557.0	0.169034	0.099901	-0.004018
ARsq2	78557.0	0.172458	0.100892	-0.004032
Ret	78557.0	1.686509	1.949186	0.016559
PE	78557.0	42.966547	56.969932	2.854866
PB	78557.0	3.165021	2.912829	0.112080
PCF	78557.0	172.866579	924.533241	1.013795
PS	78557.0	4.172091	5.130544	0.031850
Turnover	78557.0	0.024492	0.033478	0.000000
Liquidility	78557.0	0.001301	0.067155	0.000000
EPS	78557.0	0.871876	1.220156	-0.140059
EPSToP	78557.0	0.055822	0.063825	-0.005898
NAV	78557.0	7.399318	6.500599	1.357387
NAVToP	78557.0	0.588378	0.567793	0.022923
RevenuePerShare	78557.0	9.510428	16.644299	0.058418
RevenuePerShareToP	78557.0	0.781880	1.513097	0.007203
OperatingNCFPerShare	78557.0	0.982170	1.869577	-26.947239
OperatingNCFPerShareToP	78557.0	0.066174	0.165111	-5.579139
DividentPerShare	78557.0	0.245785	0.401074	0.003000
DividentPerShareToP	78557.0	0.016211	0.019435	0.000143
OVS	78557.0	0.209491	0.245809	0.008364
NetProfitGrowth	78557.0	0.609922	3.348535	-25.113803
EquityGrowth	78557.0	0.195094	0.335115	-0.089958
RevenueGrowth	78557.0	0.249215	0.771778	-0.257560
OperatingNCFGrowth	78557.0	0.936114	10.607982	-142.053996
OGS	78557.0	0.497586	2.845453	-35.360292
VCG	78557.0	0.288095	2.848737	-35.522351

我們首先從數據集合中挑選出收益率最高的個股，通過一個更小的數據集來觀察嶺迴歸如何處理過度擬合的問題，從而在避免過度擬合的情況下將 35 個因子的預測信息保留在模型中，規避稀疏性表達對預測信息的損失。

```
import pandas as pd
import numpy as np
import matplotlib.pyplot as plt
from sklearn.model_selection import train_test_split, learning_curve
from sklearn.linear_model import Ridge
from sklearn.metrics import mean_squared_error, r2_score
# 從本地文件系統中讀取數據
ML_data = pd.read_csv('file path/ 第七章 - 深度學習與資產定價 /ML_
Data1.csv')
ML_data=ML_data.dropna()
ML_data.head()
# Calculate statistics for each column
statistics = ML_data.describe().transpose()
# 構建嶺迴歸的機器學習模型
X = ML_data.drop('Return', axis=1)
y = ML_data['Return']
# 劃分訓練集和測試集
X_train, X_test, y_train, y_test = train_test_split(X, y, test_size=0.2,
random_state=42)
# 創建並訓練模型
ridge = Ridge(alpha=1.0)  # alpha 是嶺迴歸的正則化參數，你可以
根據需要調整
ridge.fit(X_train, y_train)
# 預測測試集
```

```
y_pred = ridge.predict(X_test)
# 模型訓練完成
# 獲取特徵名稱和對應係數值
feature_names = X.columns
coefficients = ridge.coef_
# 對係數值進行排序
sorted_indices = np.argsort(coefficients)
sorted_feature_names = feature_names[sorted_indices]
sorted_coefficients = coefficients[sorted_indices]
# 繪製特徵係數直條圖
plt.figure()
plt.barh(sorted_feature_names, sorted_coefficients)
plt.xlabel('Coefficient')
plt.ylabel('Features')
plt.title('Feature Coefficients')
plt.tight_layout(pad=-10)
plt.show()
```

圖 7-2

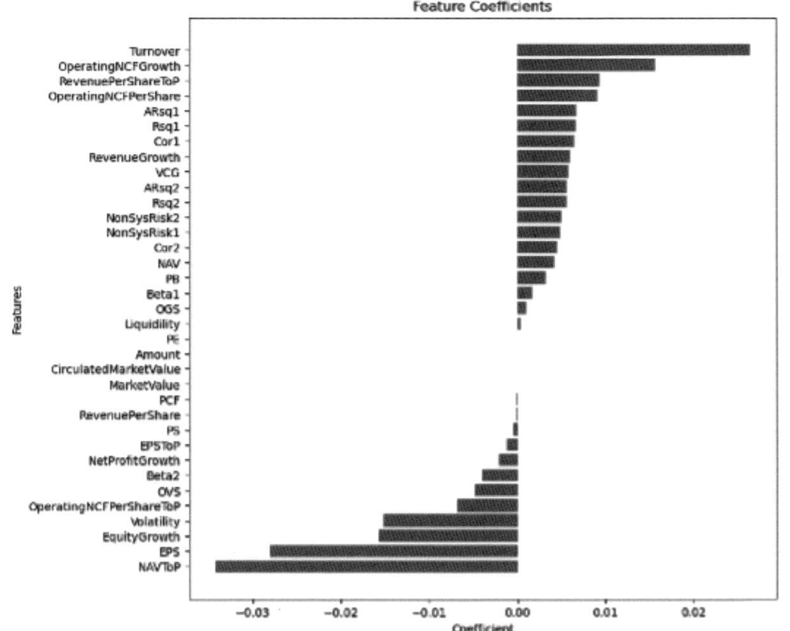

我們看到，在預測收益率排名高的個股的定價模型中，正向暴露的因子主要是交易量、運營淨現金流、營業額及營業額增長等等指標。說明即使使用日頻率的數據，但如果我們設計模型的目的是為了解釋收益率最高的那部分個股，那麼依然有較大比例的解釋變量是企業的基本面如現金流和營業額等。然而和月頻率數據相比，交易量（Turnover）的解釋力在日頻率數據構建的更高頻的多因子模型中大幅上升。

如果我們進一步觀察，收益率變成整個 A 股的正收益率，而不是收益率排名最高的個股收益率。我們發現如果使用日頻率的數據，用於預測日頻率的所有 A 股的正收益率，那麼大部分的基本面數據如現金流和營業額都變得不再重要，重要的預測變量都變成了摩擦性的變量，比如交易量、Beta 係數等等。

圖 7-3

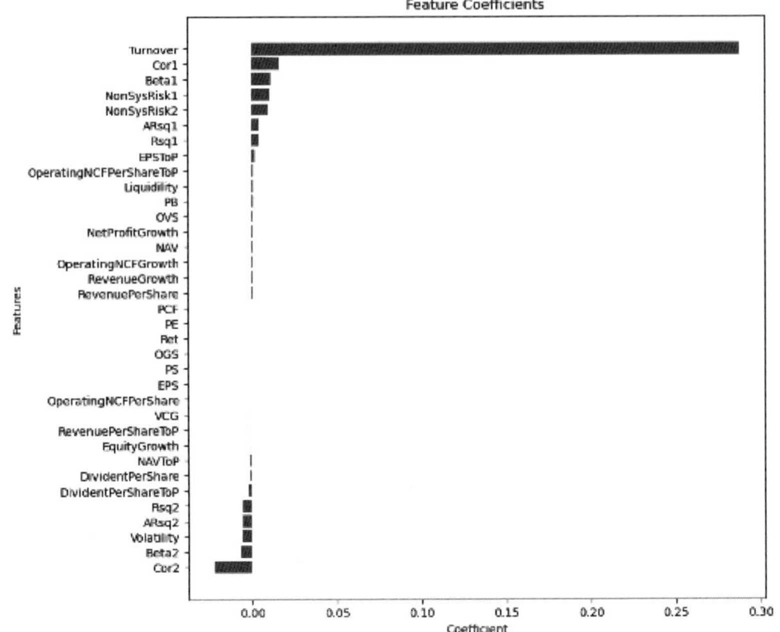

如果使用機器學習的線性迴歸模型如本小節的嶺迴歸的辦法，我們規避的過度擬合的問題，保留了大部分的預測變量在模型中。不是簡單的將數十個變量認為選擇幾個變量，或者通過數據驅動篩選為幾個變量的稀疏性的多因子模型，而是有效的保留了包含預測信息的各個變量於模型之中。

然而，我們面臨的新的問題是，即使解決了過擬合的問題以及稀疏性的問題，當我們以個股日頻率變化的收益率為預測目標的時候，模型的 R 平方依舊不理想。嶺迴歸再處理 A 股數據的時候，R 平方值依然低於 10%。

我們進一步探索深度學習神經網絡的處理辦法。

神經網絡算法基礎

神經網絡本質上是估計高度非線性迴歸函數的方法。

圖 7-4

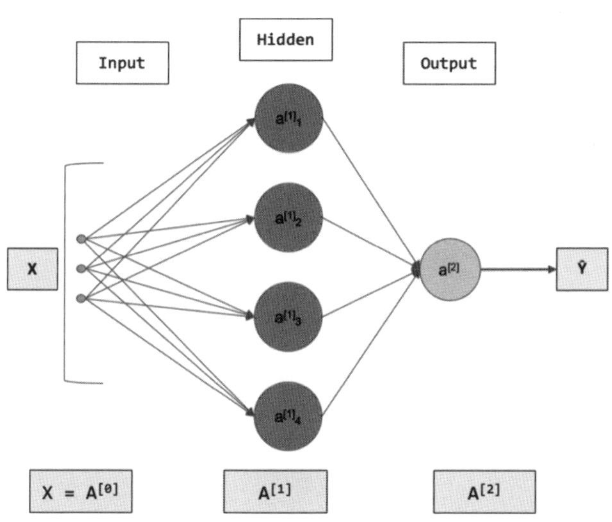

參考 S.Nagel 對神經網絡原理的表述方式。假設我們有 J 個解釋變量，和一個被解釋變量。在神經網絡中，解釋變量被稱為輸入信號（Inputs），而被解釋變量是輸出信號（Outputs）。輸入和輸出信號之間通過一個包含 H 個神經元（Node）的隱含層連接。我們可以將它視為內在隱變量。在 $y_i = f(x_i) + \varepsilon_i$ 的形式下，假設有一個隱藏層（Hidden Layer）的情況下，神經網絡可以表示為：

$$f(x_i) = a_2 + w_2^{'} \; g(a_1 + W_1 x_i)$$

其中$a_1 + W_1 x_i$表示隱變量向量。另外，激活函數（Activation Function）為 g 會依次作用於每個隱變量。

ReLU 是神經網絡中比較常見的激活函數：

$$g(z) = \max\,(0, z)$$

$g(z)$ 事實上是一個分段線性函數。對於 z 中的每個元素，如果其為正數，則 ReLU 直接輸出該元素，否則就輸出零。多個激活函數的輸出按照權重 w_2 加權後，移出 a_2，在輸出層中產生輸出信號 $f(x_i)$。

函數逼近的靈活性由隱含層中神經元的個數控制。通過大量的隱含層神經元，Hornik et al.（1989）我們可以很好的逼近各類高度非線性的複雜函數。LeCun（2015）等前期的深度網絡用於圖像識別或自然語言處理的神經網絡往往包含數萬或數十萬個神經元。到 A.vaswani.et al.（2017）A.Radford（2019）T.Brown（2020）等大語言模型和 transformer 則動輒億計的神經元。

當我們使用兩個隱藏層，以上的表達式則變為：

$$f(x_i) = a_3 + w_3^{'} \; g(a_2 + W_2 g(a_1 + W_1 x_i))$$

以此類推，我們可以添加多個隱藏層。既使不涉及大模型的情況下，常規使用的深度網絡也會使用 10 到 20 個隱藏層。我們根據一層和兩層的表達式可以得知，它具有一系列線性映射和錯綜複雜的非線性變換。

圖 7-5

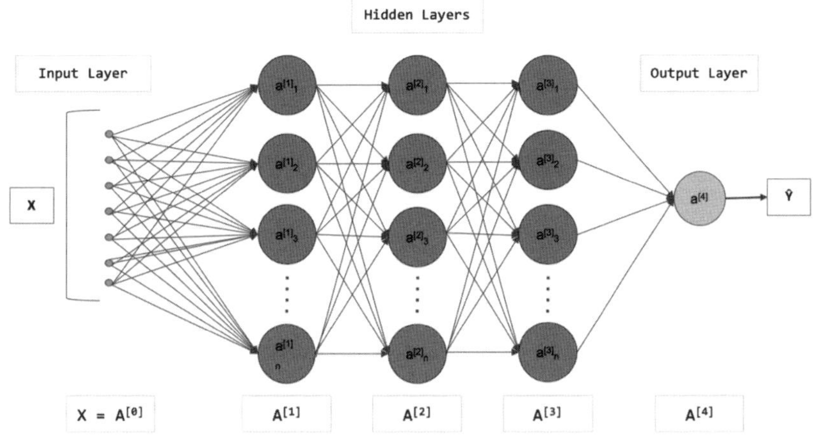

考慮一個簡單的情況：包含一個隱藏層和兩個神經元的神經網絡。進一步假設參數為$a_2 = 0, w_2 = (1,1)^{'}$, $a_1 = (-\frac{3}{2}, -\frac{3}{2})^{'}$，$W_1$矩陣的第一行為（1,1）、第二行為（-1,-1），以及激活函數$g(z) = \max(0, z)$，可以得到：

$$f(x_i) = a_2 + w_2^{'}\ g(a_1 + W_1 x_i) = 0 + (1,1)g\left(\begin{matrix} -\frac{3}{2} \\ -\frac{3}{2} \end{matrix} + \begin{bmatrix} 1 & 1 \\ -1 & -1 \end{bmatrix} \begin{matrix} x_{i,1} \\ x_{i,1} \end{matrix}\right)$$

$$= \max\left(0, -\frac{3}{2} + x_{i,1} + x_{i,2}\right) + \max(0, -\frac{3}{2} - x_{i,1} - x_{i,2})$$

這個例子中，只有當兩個特徵$x_{i,1}, x_{i,2}$之和足夠大的時候，上式的第一項才被激活，否則它的取值就是零。類似的，只有當$x_{i,1}, x_{i,2}$之和足夠小的時候，上式的第二項才被激活。

通過增加額外的隱含神經元，我們可以為函數f添加額外的分段線性部分，例如針對更大的（$x_{i,1} + x_{i,2}$）部分和更小的（$-x_{i,1} - x_{i,2}$）的取值部分。通過這種方式神經網絡我們可以觀察到逼近諸如二次冪，三次冪等非線性的特徵交互的函數。

為了通過訓練來擬合神經網絡，我們可以使用類似於線性迴歸方法中提到的誤差平方和作為目標函數。令向量 θ 代表神經網絡中所有的參數，則目標函數為：

$$\min_{\theta}\sum_{i=1}^{N}[y_i - f(x_i,\theta)]^2$$

該目標函數可以通過數值方法求解，Hastie et al.（2009）比如使用隨機梯度下降法等。在實際應用的過程中，更平滑的激活函數如 Sigmoid 函數，相比不可微的 ReLU 有可能更便於求解目標函數最小化問題。

對於神經網絡，我們也需要考慮過度擬合訓練數據的問題。正則化可以防止樣本內的過擬合：

$$\min_{\theta}\sum_{i=1}^{N}[y_i - f(x_i,\theta)]^2 + \gamma\theta'\theta$$

除了設定正則化係數的方法，在實踐中比較常用的也包括像 Dropout 等提前完成模型訓練等方法。在後續的實戰案例中，我們會對正則化係數，隱藏層層數，等相關設定進行實戰的演練，進一步觀察在實操過程相關設定的情況。

Python 代碼實戰

我們依然使用在機器學習嶺迴歸部分使用的數據集，該集合為兩年內日收益率累積較高的個股的日收益率作為被解釋變量（即預測目標 Target），35 個從 CSMAR 數據可合併的因子作為個股特徵。但是區別於嶺迴歸的部分，由於使用了更具有逼近非線性函數能力的神經網絡模型，我們將 35 個特徵因子，進行交互，生成新的特徵因子，所以我們處理的數據集變為 630 個變量。在變量增加數 10 倍的情況下，我們看看神經網絡模型如何協助處理海量因子的進行複雜模型的擬合學習。我們在設置模型的過程中，使用了正則化防止過度擬合。

```
# 導入與深度學習相關的 tensorflow 模塊等
import pandas as pd
import numpy as np
import matplotlib.pyplot as plt
from sklearn.model_selection import train_test_split
from sklearn.preprocessing import StandardScaler
import tensorflow as tf
from tensorflow.keras.models import Sequential
from tensorflow.keras.layers import Dense
from tensorflow.keras.callbacks import History
from sklearn.preprocessing import MinMaxScaler
# 讀取本地數據
data = pd.read_csv(file pwth / 第七章 /ML_Data1.csv')
# 數據清洗處理缺失值
data=data.dropna()

# 對原變量進行交互處理增加非線性的因子變量
features = data.iloc[:, :-1]
target = data.iloc[:, -1]
from sklearn.preprocessing import PolynomialFeatures
# 創建一個 PolynomialFeatures 對象，設置 degree=2 來生成兩兩交互的特徵
poly = PolynomialFeatures(degree=2, interaction_only=True, include_bias=False)
# 使用 PolynomialFeatures 對象轉換數據
features_poly = poly.fit_transform(features)
# 將交互特徵轉換為 DataFrame，並添加列名
features_poly_df = pd.DataFrame(features_poly, columns=poly.
```

```
get_feature_names_out(features.columns))
    # 打印結果
    print(features_poly_df)
    # features_poly_df 包含了原始特徵和它們的兩兩交互項
    scaler = MinMaxScaler()
    features_scaled = scaler.fit_transform(features_poly_df)
    features_train, features_test, target_train, target_test = train_test_
split(features_scaled, target, test_size=0.2, random_state=42)
    input_dim = features_train.shape[1]
    # 將數據集分割為 X 和 Y，其中收益率為預測目標，其他變量為特徵
    X = data.drop('Return', axis=1)
    y = data['Return']
    # 設置樣本內訓練集和樣本外測試集
    X_train, X_test, y_train, y_test = train_test_split(X, y, test_size=0.2,
random_state=42)
    # 對特徵變量樣本進行標準化處理做預訓練準備
    scaler = StandardScaler()
    X_train_scaled = scaler.fit_transform(X_train)
    X_test_scaled = scaler.transform(X_test)
    # 構建神經網絡模型並增加 L2 正則化係數
    model = Sequential()
    model.add(Dense(256, activation='relu', input_shape=(35,), kernel_
regularizer=tf.keras.regularizers.l2(0.05)))
    model.add(Dense(128, activation='relu', kernel_regularizer=tf.keras.
regularizers.l2(0.05)))
    model.add(Dense(64, activation='relu', kernel_regularizer=tf.keras.
regularizers.l2(0.05)))
    model.add(Dense(1))
```

```
# 神經網絡模型設置為 adam 優化器，損失函數設置為 MSE
model.compile(optimizer='adam', loss='mean_squared_error')
# 模型訓練
history = History()
model.fit(X_train_scaled, y_train, epochs=10, batch_size=32, validation_data=(X_test_scaled, y_test), callbacks=[history])
# 視覺化訓練過程
plt.plot(history.history['loss'], label='Training Loss')
plt.plot(history.history['val_loss'], label='Validation Loss')
plt.xlabel('Epochs')
plt.ylabel('Loss')
plt.legend()
plt.show()
```

計算 MSE 值

```
# Make predictions on test data
y_pred = model.predict(X_test_scaled)
# Calculate MSE
mse = mean_squared_error(y_test, y_pred)
print("MSE:", mse)
MSE: 0.0011610612166547054
```

我們從模型訓練的結果觀察，首先 MSE 值僅為 0.00116。我們回顧算法部分，MSE 的數學表達式為：

$$\min_{\theta}\sum_{i=1}^{N}[y_i - f(x_i,\theta)]^2$$

也就是實際的個股收益率（觀察值）與我們模型預測的個股收益率（輸出值）的差額的平方。我們的神經網絡模型是以最小化 MSE 為學習優化目標，並擬合最佳的 X（約 630 個變量）與 Y（個股收益率）的非線性函數關係。通過擬合的函數，預測的收益率與實際觀察值的差額的平方僅僅為 0.00116。

但需要留意的是，我們預測的目標是個股的日收益率，如果我們將正收益率的所有個股樣本 7.8 萬個取均值的日收益率約為 0.02。所以 MSE 得取值即預測值與觀察值的偏離看似很小，但相對於預測對均值象而言，該數字的評價需要和其他應用案例實際情況進行區分。另外，我們在訓練集中並非時使用整個資本市場的個股，而是選出累積日收益率最高部分的個股，以對應個股的日收益率作為預測目標。

圖 7-6

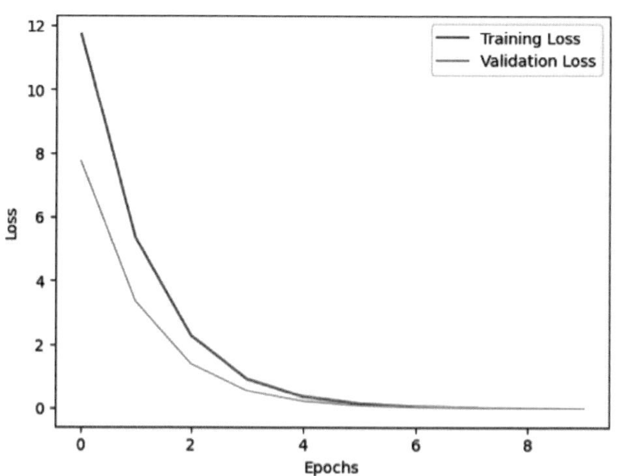

觀察模型在訓練集（樣本內）和測試集 (樣本外) 的過程，我們將模型使用一個完整批次的數據集進行訓練並更新一次模型參數，同時，得到該模型參數下的模型的 MSE 值的過程稱為一次 Epoch，也可以稱為一次迭代。我們可以看到對應迭代的進程，MSE 逐步降低。我們在模型中設置了 10 次 Epoch，通過觀察視覺化的學習過程，10 次迭代的設置是基本合理的。在其他的數據集和其他應用中，應該根據具體情況，對 Epoch 進行合理的設置。

深度學習融入實證資產定價的前沿探索

在以上的實戰中，我們應用了機器學習的迴歸學習，以及一個三層的神經網絡深度學習模型，使用大量的因子變量作為預測特徵，對收益率較高的個股進行日收益率預測的模型構建。實證結果顯示，我們在應用於 A 股數據的過程中，機器學習與深度學習都具有較好的效果。如果在面對更高頻率，更海量數量，更大量因子的情況下，機器學習和深度學習構建的實證定價模型相比傳統因子模型的更具解釋力。

然而我們已經使用的兩種方法，都是基於預測類的機器學習方法。在本小節中，將一步探索生成式的深度學習方法在構建實證資產定價模型中的使用，我們依然會使用由 CSMAR 提供的 A 股數據作為實證研究的樣本。

生成式深度學習的範疇在逐步的擴展的過程中就已經產生較大影響的模型主要有大語言模型的 transformer，最早應用於圖像識別的生成式對抗網絡，以及深度學習自解碼網絡等等。

生成式深度學習應用到實證資產定價，是當前國際學術界的前沿話題之一，例如 L.Chen M.Pelger&J.Zhu（2022）的關於生成式對抗神經網絡的使用，S.GU at al.（2021）關於深度學習自解碼的使用，都是本領域傑出的學術成果。但是相關的研究在中國以及 A 股數據和港股數據方面的進度還有待深入。觀察近 5 年的發表情況，香港城市大學以及武漢大學的一些年輕學者，有優質的學術成果。

為了使得全球的學術前沿與於香港可交易的人民幣股票資產的研究更加緊密，在本書的最後一部分，我們將對其中一種生成式的深度學習模型與 A 股市場的應用進行實戰探討。與讀者一起來探索，生成式人工智能在處理金融數據與實證資產定價方面的傑出能力。

深度學習自解碼網絡結構

在計算機領域，生成式人工智能的算法有多重，自解碼 Autoencoder 在較多應用中會歸類為生產式算法的種，算法最早是由 Hinton & Salakhutdinov 發表於 *Science* 的一篇論文，用於高維數據的降維度。

其原理在於：我們面對一個信噪比較低的高維數據的輸入特徵，可以通過高度的提取輸入特徵，使其在更低維的特徵中，保留最大限度的原高維數據中的信息。評價「最大限度保留了信息」的衡量來自於「該低維隱藏神經元包含的信息，是否可以在輸出端再還原為原高維數據信息。」

圖 7-7

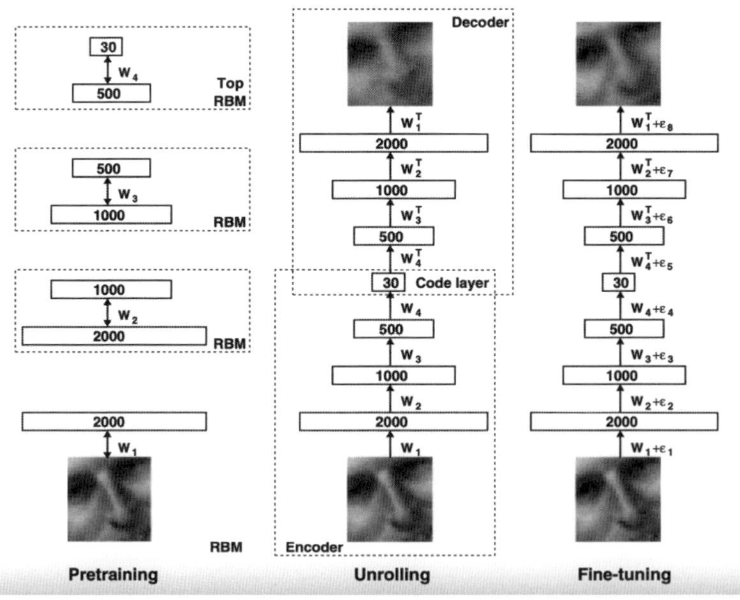

圖片來源：Hinton & Salakhutdinov, *Science*, VOL 313, 28 July 2006

該算法最早應用於人臉識別技術，我們可以看到輸入端是一個清晰度比較低的人臉圖片，通常我們稱之為噪音較高的數據。同時，輸入端也是高維數據，像素矩陣的輸入層為 2,000 個神經元。通常兩個隱藏層分別為 1,000 和 500 個神經元，變為 30 個神經元的低維數據，該 30 個神經元被稱為隱藏代碼（Latent Code）, 通過降維壓縮，使 30 個神經元最大量攜帶元 2,000 個神經元輸入的信息。再通過解碼過程，透過兩個隱藏層分別為 500 和 1,000 個神經元，再到輸出層 2,000 神經元。

自解碼神經網絡的優化目標是尋找最優的隱藏代碼，在實證資產定價的文獻中也被稱為隱藏因子 (Latent factor)，使其滿足通過解碼後的輸出能最大限度的保留輸入的信息。

S.GU at al.(2021) 首先將生成式人工智能領域的深度學習自解碼系統用於實證資產定價中解決海量高維的因子數據的降維問題。與應用於人臉識別等領域不同的是，我們輸入的是個股的特徵，並通過將輸入的高維因子壓縮為少數的隱藏因子，使得隱藏因子可以攜帶最大量的原高維因子的預測信息。通過自解碼的過程，我們可以將噪音較高的海量預測個股收益率的因子變量信息，壓縮為信息含量更高的少量的隱藏因子。通過生成隱藏因子，我們可以構建超越傳統的定價模型以及常規的機器學習和深度學習模型，構建更加具有解釋力的資產定價模型。

圖 7-8

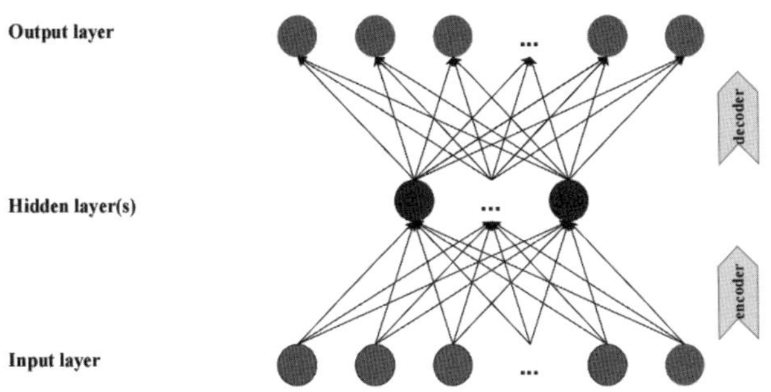

圖片來源：S.GU at al.(2021), *Journal of Econometrics*, Volume 222, Issue 1, Part B

生成式人工神經網絡與 A 股實證定價研究

基於 S.GU at al.（2021）在美股的應用。啟發了我們使用 Autoencoder 的生成式神經網絡架構，構建 A 股實證定價的研究。

數據

我們從 CSMAR 數據庫調用了三個與個股特徵相關的數據集：

1. 個股風格因子指標
2. 個股風險因子指標
3. 個股交易衍生指標

對應的每個數據集的因子變量及其樣本計算內容如下：

風格因子指標數據集

Symbol [證券代碼] 以上交所、深交所、北交所公佈的證券代碼為準。

TradingDate [交易日期] 以 YYYY-MM-DD 表示。

MarketValue [股票總市值] 計算公式為：總市值 = 流通股市值 + 非流通股市值，其中流通市值 = 當日 a 股收盤價 *+b 股收盤價 (9 開頭的美元兑換成人民幣的價格，2 開頭的港幣兑換成人民幣的價格)*b 股股本，非流通市值 =（總股本 - 流通股本）* 當日 a 股收盤價。

StockPrice [股票價格] 為股票當日收盤價。

EPS [每股收益] 計算公式為：淨利潤本期值 / 實收資本本期期末值

注：淨利潤取值若為空或 0 時，對應指標則以 null 表示。

EPSToP [每股收益與股價比值] 計算公式為：每股收益與股價比值。

NAV [每股淨資產] 計算公式為：所有者權益合計期末值 / 實收資本

注：本期期末值所有者權益合計取值若為空或 0 時，對應指標則以 null 表示。

NAVToP [每股淨資產與股價比值] 計算公式為：每股淨資產與股價比值。

RevenuePerShare [每股主營業務收入] 計算公式：營業收入本期值 / 實收資本本期期末值

RevenuePerShareToP [每股主營業務收入與股價比值] 計算公式：每股主營業務收入與股價比值。

OperatingNCFPerShare [每股經營性現金流] 計算公式：經營活動產生的現金流量淨額本期值 / 實收資本本期期末值

OperatingNCFPerShareToP [每股經營性現金流與股價比值] 計算公式：每股經營性現金流與股價比值。

DividentPerShare [每股現金分紅] 計算公式：每 10 股派現稅前（實）/10* 分配股本基數。

DividentPerShareToP [每股現金分紅與股價比值] 計算公式：每股現金分紅與股價比值。

OVS [股票價值得分] 計算公式：EPSToP*50%+NAVToP*12.5%+Re

venuePerShareToP*12.5%+OperatingNCFPerShareToP*12.5%+DividentPerShareToP*12.5%；

對於剛上市不滿 1 年的股票：EPSToP*50%+NAVToP*16.667%+RevenuePerShareToP*16.667%+OperatingNCFPerShareTo*16.667%

如果其中某個數據為空，則其權重由其他不為空的欄位按原來比例分配。

NetProfitGrowth [收益增長率] 計算公式：離本交易日期最近四個會計年度的收益增長率的平均值。

EquityGrowth [淨資產增長率] 計算公式：離本交易日期最近四個會計年度的淨資產增長率的平均值。

RevenueGrowth [主營業務收入增長率] 計算公式：離本交易日期最近四個會計年度的主營業務收入增長率的平均值。

OperatingNCFGrowth [經營性現金流增長率] 計算公式：離本交易日期最近四個會計年度的經營性現金流增長率的平均值。

OGS [股票成長得分] 計算公式：Net Profit Growth*25%+Equity Growth*25%+Revenue Growth*25%+Operating NCFGrowth*25%

注：若其中某一個權數為空，則其權重平均分配給其他不為空的權數，當四個權數都為空時，OGS 賦值為空。

VCG [股票價值混合成長得分] 計算公式：VCG= OGS － OVS，當 OGS 或 OVS 為空時，VCG 賦值為空。

個股交易衍生指標數據集

TradingDate [交易日期] 以 YYYY-MM-DD 表示。

Symbol [證券代碼] 以上交所、深交所、北交所公佈的證券代碼為準。

ShortName [股票簡稱] 以上交所、深交所、北交所公佈的證券簡稱為準。

SecurityID [證券 ID] 希施瑪證券唯一性區分編碼。

Ret [股息率 (股票獲利率)] 計算公式：股息率＝（每股股息 / 每股市價）× 100%。

PE [市盈率] 計算公式：（今收盤價 × 總股本）/ 上年歸屬於母公司所有者的淨利潤期末值。

注：當分母為 0 或負數時，該指標以空值列示。

PB [市淨率] 計算公式：（今收盤價 × 總股本）/ 上年所有者權益合計期末值。

注：當分母為 0 或負數時，該指標以空值列示。

PCF [市現率] 計算公式：（今收盤價 × 總股本）/ 上年經營活動產生的現金流量淨額期末值。

注：當分母為 0 或負數時，該指標以空值列示。

PS [市銷率] 計算公式：（今收盤價 × 總股本）/ 上年營業總收入期末值。

注：當分母為 0 或負數時，該指標以空值列示。

Turnover [換手率] 計算公式：換手率＝日成交量 / 該股流通股本。

CirculatedMarketValue [流通市值] 計算公式：當日 a 股收盤價 *+b 股收盤價（9 開頭的美元兑換成人民幣的價格，2 開頭的港幣兑換成人民幣的價格）*b 股股本。

ChangeRatio [漲跌幅] 計算公式：（當日收盤價 - 前收盤價）/ 前收盤價。

Amount [成交金額] 是股票已成交總金額。

Liquidility [流動性指標] 欄位説明見説明書「計算方法」。

風險因子數據集

Symbol [證券代碼]：以上交所、深交所公佈的證券代碼為準。

TradingDate [交易日期]：以 YYYY-MM-DD 表示。

SecurityID [證券 ID]：希施瑪證券唯一性區分編碼。

Yield [收益率]：本日收益率。

Volatility [收益波動率]：最近 250 個交易日對數收益率估計出來的波動率。

Beta1 [風險因子－流通市值加權]：根據資本資產定價模型，運用最近 250 個交易日的數據估計出來的貝塔係數。其中，股票的收益率採用「考慮現金紅利再投資日個股回報率」，市場組合的收益率採用「考慮現金紅利再投資的日市場回報率 (流通市值加權平均法) 」，無風險利率採用「日度化無風險利率」。

Beta2 [風險因子－總市值加權]：根據資本資產定價模型，運用最近 250 個交易日的數據估計出來的貝塔係數。其中，股票的收益率採用「考慮現金紅利再投資日個股回報率」，市場組合的收益率採用「考慮現金紅利再投資的日市場回報率 (總市值加權平均法) 」，無風險利率採用「日度化無風險利率」。

Cor1 [相關係數－流通市值加權]：個股的風險收益率與市場的風險收益率的相關係數。個股的收益率採用「考慮現金紅利再投資日個股回報率」，市場的收益率採用「考慮現金紅利再投資的日市場回報率 (流通市值加權平均法) 」，無風險利率採用「日度化無風險利率」。個股的風險收益率指個股收益率與無風險利率之差；市場的風險收益率指市場收益率與無風險利率之差。

Cor2 [相關係數－總市值加權]：個股的風險收益率與市場的風險收益率的相關係數。個股的收益率採用「考慮現金紅利再投資日個股回報率」，市場的收益率採用「考慮現金紅利再投資的日市場回報率 (總市值加權平均法）」，無風險利率採用「日度化無風險利率」。個股的風險收益率指個股收益率與無風險利率之差；市場的風險收益率指市場收益率與無風險利率之差。

NonSysRisk1［非系統風險－流通市值加權］：根據資本資產定價模型，運用最近 250 個交易日的數據估計出來的非系統風險。其中，股票的收益率採用「考慮現金紅利再投資日個股回報率」，市場組合的收益率採用「考慮現金紅利再投資的日市場回報率（流通市值加權平均法）」，無風險利率採用「日度化無風險利率」。

NonSysRisk2［非系統風險－總市值加權］：根據資本資產定價模型，運用最近 250 個交易日的數據估計出來的非系統風險。其中，股票的收益率採用「考慮現金紅利再投資日個股回報率」，市場組合的收益率採用「考慮現金紅利再投資的日市場回報率（總市值加權平均法）」，無風險利率採用「日度化無風險利率」。

Rsq1 [R 方－流通市值加權］：運用最小二乘法估計風險因子時，模型的擬合優度。

Rsq2 [R 方－總市值加權］：運用最小二乘法估計風險因子時，模型的擬合優度。

ARsq1［調整 R 方－流通市值加權］：運用最小二乘法估計風險因子時，模型的調整後擬合優度。

ARsq2［調整 R 方－總市值加權］：運用最小二乘法估計風險因子時，模型的調整後擬合優度。

以上，涉及名稱不同，單定義類似的變量我們進行了去重處理。三個數據集合之後，合計有 36 個因子變量。對 36 個變量進行兩兩交互，對應生成 C（36,2）= 630 個新的變量因子，與原因子合併，一共準備了 666 個因子變量。不考慮某些變量存在缺失值的情況下，每一個因子有 16.3 萬（163,438）個樣本觀察值。所以，我們為本次進行神經網絡建模研究準備的數據量為 163,438*666 個，即 1.08 億個的數據觀察值，作為模型的訓練數據集。

我們將自解碼的生成神經網絡的初始架構設置為：

- 輸入層神經元 630 個；
- 隱藏因子數量 30 個（初步設置）；
- 隱藏層神經元 315 個，隱藏層數量 10 層；
- L1 正則化係數設定為 0.01，L2 正則化係數設定為 0.01；
- 綜上設置推算，模型的參數數量約為 40 萬個。
- 在神經網絡的解碼層使用 sigmoid 激活函數，在隱藏藏以及其他神經網絡層使用 ReLU 激活函數。
- 通過生成神經網絡的訓練生成新的包含了最大限度的預測信息的因子，也稱為隱藏因子。
- 使用隱藏因子為解釋變量，整個資本市場的所有個股的日收益率為被解釋變量，進行迴歸分析，並輸出相應的迴歸係數和模型擬合優度。

我們首先將 VCG [股票價值混合成長得分] 替代個股收益率，作為目標變量，其他變量作為預測變量。這樣的設置是為了首先考慮，先使用深度學習模型用於基本面的研究和預測，觀察其模型效果。

Python 代碼實戰

```
import numpy as np
import pandas as pd
from keras.layers import Input, Dense
from keras.models import Model, Sequential
from keras.optimizers import Adam
from sklearn.model_selection import train_test_split
from sklearn.preprocessing import MinMaxScaler
```

```
from keras import regularizers
import matplotlib.pyplot as plt
from sklearn.preprocessing import PolynomialFeatures
# 數據整理
data = pd.read_csv('file path/ 第七章 /DL_Data1.csv')
data1=data.dropna()
features = data1.iloc[:, :-1]
target = data1.iloc[:, -1]
from sklearn.preprocessing import PolynomialFeatures
# 創建一個 PolynomialFeatures 對象，設置 degree=2 來生成兩兩交互的特徵
poly = PolynomialFeatures(degree=2, interaction_only=True, include_bias=False)
# 使用 PolynomialFeatures 對象轉換數據
features_poly = poly.fit_transform(features)
# 將交互特徵轉換為 DataFrame，並添加列名
features_poly_df = pd.DataFrame(features_poly, columns=poly.get_feature_names_out(features.columns))
# 打印結果
print(features_poly_df)
# features_poly_df 包含了原始特徵和它們的兩兩交互項
scaler = MinMaxScaler()
features_scaled = scaler.fit_transform(features_poly_df)
features_train, features_test, target_train, target_test = train_test_split(features_scaled, target, test_size=0.2, random_state=42)
input_dim = features_train.shape[1]
# 設置隱藏因子數量、隱藏層神經元數量、隱藏層數量
encoding_dim = 30
```

```
hidden_dim=315
num_hidden_layer=10
# 添加 L1 正則化
encoder_layer = Dense(encoding_dim, activation='relu', activity_regularizer=regularizers.l1(0.01 ))
# 添加 L2 正則化
encoder_layer = Dense(encoding_dim, activation='relu', activity_regularizer=regularizers.l2(0.01))
decoding_dim=256
input_layer = Input(shape=(630,))
encoder_layer = Dense(encoding_dim, activation='relu', kernel_initializer='he_normal')(input_layer)
encoder = Model(inputs=input_layer, outputs=encoder_layer)
# 自編碼器模型
autoencoder = Sequential()
autoencoder.add(encoder)
autoencoder.add(Dense(input_dim, activation='sigmoid')) # 解碼層
autoencoder.compile(optimizer=Adam(learning_rate=0.00001), loss='mean_squared_error')
# 訓練自編碼器模型，使用訓練集的特徵進行訓練和驗證
autoencoder.fit(features_train, features_train, epochs=100,batch_size=512, shuffle=True, validation_data=(features_test, features_test))
# 使用編碼器對特徵進行降維
encoded_features_train = encoder.predict(features_train)
encoded_features_test = encoder.predict(features_test)
# 使用編碼器對特徵進行降維
encoded_features_train = encoder.predict(features_train)
# 轉換為 Pandas DataFrame
```

encoded_features_train_df = pd.DataFrame(encoded_features_train)

使用降維後的特徵訓練預測模型，這裏我們使用一個簡單的線性迴歸模型作為例子

from sklearn.linear_model import LinearRegression

regressor = LinearRegression()

regressor.fit(encoded_features_train, target_train)

對測試集進行預測並評估模型性能

predictions = regressor.predict(encoded_features_test)

from sklearn.metrics import mean_squared_error

mse = mean_squared_error(target_test, predictions)

print('Mean Squared Error on test set: ', mse)

from sklearn.linear_model import LinearRegression

使用降維後的特徵訓練線性迴歸模型

regressor = LinearRegression()

regressor.fit(encoded_features_train, target_train)

取線性迴歸模型的參數

coefficients = regressor.coef_

迴歸係數，對應每個特徵的權重

intercept = regressor.intercept_

截距項

打印每個特徵的迴歸係數

for i, coef in enumerate(coefficients):

print(f'Coefficient for encoded feature {i+1}: {coef}')

打印截距項

print(f'Intercept: {intercept}')

import statsmodels.api as sm

添加常數項，對應線性迴歸模型的截距

```
encoded_features_train_with_intercept = sm.add_constant(encoded_features_train)
# 使用 statsmodels 的 OLS 函數訓練線性迴歸模型
model = sm.OLS(target_train, encoded_features_train_with_intercept)
results = model.fit()
# 打印每個特徵的迴歸係數、標準誤差和 p 值
print(results.summary())
```

```
                    OLS Regression Results
==============================================================================
ep. Variable:                    VCG   R-squared:                       0.763
odel:                            OLS   Adj. R-squared:                  0.763
ethod:                 Least Squares   F-statistic:                     8086.
ate:                Sat, 11 Nov 2023   Prob (F-statistic):               0.00
ime:                        02:21:01   Log-Likelihood:            -1.0990e+05
o. Observations:               62845   AIC:                         2.198e+05
f Residuals:                   62819   BIC:                         2.201e+05
f Model:                          25
ovariance Type:            nonrobust
==============================================================================
                 coef    std err          t      P>|t|      [0.025      0.975]
------------------------------------------------------------------------------
onst         -38.6647      0.248   -155.879      0.000     -39.151     -38.179
1             13.4628      0.198     68.080      0.000      13.075      13.850
2              6.6105      0.206     32.123      0.000       6.207       7.014
3            -11.1332      0.211    -52.785      0.000     -11.547     -10.720
4             -3.4614      0.103    -33.547      0.000      -3.664      -3.259
5             -2.1959      0.217    -10.109      0.000      -2.622      -1.770
6             -8.0172      0.182    -44.109      0.000      -8.373      -7.661
7          -4.275e-15   3.29e-16    -13.001      0.000   -4.92e-15   -3.63e-15
8              2.4763      0.096     25.731      0.000       2.288       2.665
9             16.1258      0.157    102.792      0.000      15.818      16.433
10            -1.1684      0.190     -6.163      0.000      -1.540      -0.797
11            -1.3993      0.143     -9.757      0.000      -1.680      -1.118
12            -0.8374      0.159     -5.273      0.000      -1.149      -0.526
13             1.5442      0.131     11.775      0.000       1.287       1.801
14         -6.347e-16    1.5e-16     -4.239      0.000   -9.28e-16   -3.41e-16
15            -1.1526      0.166     -6.946      0.000      -1.478      -0.827
16            -8.8839      0.196    -45.417      0.000      -9.267      -8.500
17            -0.9668      0.147     -6.579      0.000      -1.255      -0.679
18             8.7845      0.142     61.728      0.000       8.506       9.063
19          1.126e-15   6.75e-17     16.685      0.000    9.94e-16    1.26e-15
20             1.0298      0.181      5.701      0.000       0.676       1.384
21            -3.4705      0.220    -15.802      0.000      -3.901      -3.040
22         -2.308e-15   7.78e-17    -29.669      0.000   -2.46e-15   -2.16e-15
23             4.6332      0.113     41.158      0.000       4.413       4.854
24             3.8806      0.208     18.693      0.000       3.474       4.287
25             9.6653      0.196     49.330      0.000       9.281      10.049
26            -3.8565      0.135    -28.591      0.000      -4.121      -3.592
27            12.1680      0.193     63.109      0.000      11.790      12.546
28            -8.9030      0.159    -55.880      0.000      -9.215      -8.591
```

我們將隱藏因子的數量從 30 個提升到 60 個，繼續觀察模型 R 平方的變化。

```
                            OLS Regression Results
==============================================================================
Dep. Variable:                    VCG   R-squared:                       0.862
Model:                            OLS   Adj. R-squared:                  0.862
Method:                 Least Squares   F-statistic:                     7123.
Date:                Sat, 11 Nov 2023   Prob (F-statistic):               0.00
Time:                        02:26:43   Log-Likelihood:                -92921.
No. Observations:               62845   AIC:                         1.860e+05
Df Residuals:                   62789   BIC:                         1.865e+05
Df Model:                          55
Covariance Type:            nonrobust
==============================================================================
                 coef    std err          t      P>|t|      [0.025      0.975]
------------------------------------------------------------------------------
const        -47.5285      0.244   -195.093      0.000     -48.006     -47.051
x1             5.6083      0.206     27.201      0.000       5.204       6.012
x2             2.6685      0.166     16.064      0.000       2.343       2.994
x3            -3.1005      0.194    -15.977      0.000      -3.481      -2.720
x4             1.9937      0.179     11.114      0.000       1.642       2.345
x5            -5.4700      0.119    -46.110      0.000      -5.703      -5.238
x6           -13.0476      0.176    -74.314      0.000     -13.392     -12.703
x7            -2.0322      0.213     -9.554      0.000      -2.449      -1.615
x8             7.3334      0.161     45.421      0.000       7.017       7.650
x9            -5.7400      0.241    -23.835      0.000      -6.212      -5.268
x10            2.7062      0.156     17.368      0.000       2.401       3.012
x11           -2.8322      2.403     -1.179      0.238      -7.541       1.877
x12           -4.3123      0.097    -44.334      0.000      -4.503      -4.122
x13           -5.3599      0.197    -27.233      0.000      -5.746      -4.974
x14            8.0547      0.168     47.933      0.000       7.725       8.384
x15            2.7960      0.118     23.608      0.000       2.564       3.028
x16            2.0576      0.188     10.936      0.000       1.689       2.426
x17            0.8655      0.209      4.135      0.000       0.455       1.276
x18           -2.3707      0.173    -13.698      0.000      -2.710      -2.031
x19           12.8168      0.219     58.451      0.000      12.387      13.247
x20           10.8949      0.198     55.068      0.000      10.507      11.283
x21            2.3279      0.209     11.125      0.000       1.918       2.738
x22           -0.7396      0.190     -3.899      0.000      -1.111      -0.368
x23           -0.6978      0.241     -2.893      0.004      -1.171      -0.225
x24            9.5009      0.242     39.187      0.000       9.026       9.976
x25            4.1721      0.088     47.504      0.000       4.000       4.344
x26           -6.7840      0.196    -34.685      0.000      -7.167      -6.401
x27           -7.1514      0.237    -30.222      0.000      -7.615      -6.688
x28            1.1972      0.216      5.543      0.000       0.774       1.621
```

我們保持 30 個隱藏因子不變，將神經網絡的隱藏層從 10 層提升到 20 層，觀察訓練結果。

```
                            OLS Regression Results
==============================================================================
Dep. Variable:                    VCG   R-squared:                       0.795
Model:                            OLS   Adj. R-squared:                  0.795
Method:                 Least Squares   F-statistic:                     9370.
Date:                Sat, 11 Nov 2023   Prob (F-statistic):               0.00
Time:                        02:27:28   Log-Likelihood:            -1.0532e+05
No. Observations:               62845   AIC:                         2.107e+05
Df Residuals:                   62818   BIC:                         2.109e+05
Df Model:                          26
Covariance Type:            nonrobust
==============================================================================
                 coef    std err          t      P>|t|      [0.025      0.975]
------------------------------------------------------------------------------
const        -44.8125      0.189   -236.616      0.000     -45.184     -44.441
x1           -14.1974      0.151    -94.108      0.000     -14.493     -13.902
x2          6.525e-12   3.08e-12      2.118      0.034    4.87e-13    1.26e-11
x3          3.826e-12   1.78e-12      2.147      0.032    3.32e-13    7.32e-12
x4            17.0024      0.137    123.954      0.000      16.734      17.271
x5             1.4136      0.129     10.979      0.000       1.161       1.666
x6             0.2095      0.154      1.362      0.173      -0.092       0.511
x7             4.4251      0.142     31.258      0.000       4.148       4.703
x8           -26.2311      1.714    -15.302      0.000     -29.591     -22.871
x9            -3.4914      0.046    -76.258      0.000      -3.581      -3.402
x10            0.5328      0.169      3.145      0.002       0.201       0.865
x11            5.6899      0.168     33.900      0.000       5.361       6.019
x12           26.5179     12.440      2.132      0.033       2.136      50.900
x13        -8.312e-13    3.8e-13     -2.188      0.029   -1.58e-12   -8.68e-14
x14           -6.5847      0.141    -46.790      0.000      -6.861      -6.309
x15            3.2315      0.231     13.984      0.000       2.779       3.684
x16            3.6997      0.172     21.492      0.000       3.362       4.037
x17          -16.8179      0.149   -112.518      0.000     -17.111     -16.525
x18           -7.8818      0.149    -52.797      0.000      -8.174      -7.589
x19           15.3149      0.114    134.055      0.000      15.091      15.539
x20        -1.601e-14   7.17e-15     -2.233      0.026   -3.01e-14   -1.96e-15
x21           11.4198      0.115     99.469      0.000      11.195      11.645
x22            0.0983      0.174      0.566      0.572      -0.242       0.439
x23            3.9045      0.130     30.025      0.000       3.650       4.159
x24            5.9358      0.129     46.013      0.000       5.683       6.189
x25           -2.4874      0.116    -21.371      0.000      -2.716      -2.259
x26            0.1070      0.148      0.722      0.470      -0.183       0.397
x27          -11.8489      0.120    -98.650      0.000     -12.084     -11.613
x28            2.2302      0.146     15.274      0.000       1.944       2.516
```

在模型的初始設定下，我們生成的解釋變量，對全市場的個股 VCG [股票價值混合成長得分] 的預測模型的 R 平方值達到了 0.763。

此外，我們通過調整參數，觀察了對模型能力的影響。我們首先將生成 30 個隱藏因子增加到生成 60 個隱藏因子。通過這一調整，模型的 R 平方從 0.763 進一步提升到了令人欣喜的 0.862。

我們觀察到了深度學習自解碼模型對個股基本面預測的模型具有很高的可解釋性。

我們也在固定初始模型參數的情況下，調整增加隱藏層的數量從 10 層擴大到 20 層。通過這一調整，模型的 R 平方從 0.763 提升到了 0.795。

事實上，猶如我們以上已經實現觀測到的，人工智能技術在實證資產定價領域的優異變現，與其在其他科學研究領域用於科學發現的貢獻，具有類似的本質，即在於其提取特徵以及擬合逼近極其複雜的非線性函數關係的超強能力。

我們最後再回到第五章的那個難以完成的任務，即預測個股收益率的模型解釋力。觀察深度學習自解碼系統的有效性。

承接第一部分的模型設置，我們將 Target 從預測 VCG 基本面分數調整為實證資產定價中常用的預測個股收益率，模型參數也相應調整：

- 輸入層神經元 630 個；
- 隱藏因子數量 120 個（初步設置）；
- 隱藏層神經元 315 個，隱藏層數量 20 層；
- L1 正則化係數設定為 0.01，L2 正則化係數設定為 0.01；
- 綜上設置推算，模型的參數數量提升為約 100 萬個。
- 在神經網絡的解碼層使用 sigmoid 激活函數，在隱藏其他神經網絡層使用 ReLU 激活函數。
- 通過生成神經網絡的訓練生成新的包含了最大限度的預測信息的因子，也稱為隱藏因子。
- 使用隱藏因子為解釋變量，整個資本市場的所有個股的日收益率為被解釋變量，進行迴歸分析，並輸出相應的迴歸係數和模型擬合優度。
- 將隱藏因子提升為 120 個，神經網絡隱藏層提升為 20 層，相應的模型的參數數量提升為約 100 萬個。

Python 實戰代碼

```
import numpy as np
import pandas as pd
from keras.layers import Input, Dense
from keras.models import Model, Sequential
from keras.optimizers import Adam
from sklearn.model_selection import train_test_split
from sklearn.preprocessing import MinMaxScaler
from keras import regularizers
import matplotlib.pyplot as plt
from sklearn.preprocessing import PolynomialFeatures

# 數據整理
data = pd.read_csv('file path 第七章 /DL_Data2.csv')
data1=data.dropna()
features = data1.iloc[:, :-1]
target = data1.iloc[:, -1]
from sklearn.preprocessing import PolynomialFeatures
# 創建一個 PolynomialFeatures 對象，設置 degree=2 來生成兩兩交互的特徵
poly = PolynomialFeatures(degree=2, interaction_only=True, include_bias=False)
# 使用 PolynomialFeatures 對象轉換你的數據
features_poly = poly.fit_transform(features)
# 將交互特徵轉換為 DataFrame，並添加列名
features_poly_df = pd.DataFrame(features_poly, columns=poly.get_feature_names_out(features.columns))
# 打印結果
print(features_poly_df)
```

```
# features_poly_df 包含了原始特徵和它們的兩兩交互項
scaler = MinMaxScaler()
features_scaled = scaler.fit_transform(features_poly_df)
features_train, features_test, target_train, target_test = train_test_split(features_scaled, target, test_size=0.2, random_state=42)
input_dim = features_train.shape[1]
# 設置隱藏因子的數量
encoding_dim = 120
hidden_dim=315
num_hidden_layer=20
# 添加 L1 正則化
encoder_layer = Dense(encoding_dim, activation='relu', activity_regularizer=regularizers.l1(0.01 ))
# 添加 L2 正則化
encoder_layer = Dense(encoding_dim, activation='relu', activity_regularizer=regularizers.l2(0.01))
decoding_dim=256
input_layer = Input(shape=(630,))
encoder_layer = Dense(encoding_dim, activation='relu', kernel_initializer='he_normal')(input_layer)
encoder = Model(inputs=input_layer, outputs=encoder_layer)
# 自編碼器模型
autoencoder = Sequential()
autoencoder.add(encoder)
autoencoder.add(Dense(input_dim, activation='sigmoid')) # 解碼層
autoencoder.compile(optimizer=Adam(learning_rate=0.00001), loss='mean_squared_error')
# 訓練自編碼器模型，使用訓練集的特徵進行訓練和驗證
```

```
autoencoder.fit(features_train, features_train, epochs=100,batch_size=512, shuffle=True, validation_data=(features_test, features_test))
# 使用編碼器對特徵進行降維
encoded_features_train = encoder.predict(features_train)
encoded_features_test = encoder.predict(features_test)
# 使用編碼器對特徵進行降維
encoded_features_train = encoder.predict(features_train)
# 轉換為 Pandas DataFrame
encoded_features_train_df = pd.DataFrame(encoded_features_train)
# 使用降維後的特徵訓練預測模型，這裏我們使用一個簡單的線性迴歸模型作為例子
from sklearn.linear_model import LinearRegression
regressor = LinearRegression()
regressor.fit(encoded_features_train, target_train)
# 對測試集進行預測並評估模型性能
predictions = regressor.predict(encoded_features_test)
from sklearn.metrics import mean_squared_error
mse = mean_squared_error(target_test, predictions)
print('Mean Squared Error on test set: ', mse)

from sklearn.linear_model import LinearRegression
# 使用降維後的特徵訓練線性迴歸模型
regressor = LinearRegression()
regressor.fit(encoded_features_train, target_train)
# 獲取線性迴歸模型的參數
coefficients = regressor.coef_
# 迴歸係數，對應每個特徵的權重
intercept = regressor.intercept_
```

```
# 截距項
# 打印每個特徵的迴歸係數
for i, coef in enumerate(coefficients):
    print(f'Coefficient for encoded feature {i+1}: {coef}')
# 打印截距項
print(f'Intercept: {intercept}')
import statsmodels.api as sm
# 添加常數項，對應線性迴歸模型的截距
encoded_features_train_with_intercept = sm.add_constant
(encoded_features_train)
# 使用 statsmodels 的 OLS 函數訓練線性迴歸模型
model = sm.OLS(target_train, encoded_features_train_with_intercept)
results = model.fit()
# 打印每個特徵的迴歸係數、標準誤差和 p 值
print(results.summary())
```

```
                            OLS Regression Results
==============================================================================
Dep. Variable:                 Return   R-squared:                       0.223
Model:                            OLS   Adj. R-squared:                  0.222
Method:                 Least Squares   F-statistic:                     162.6
Date:                Mon, 20 Nov 2023   Prob (F-statistic):               0.00
Time:                        18:34:04   Log-Likelihood:             1.5797e+05
No. Observations:               62845   AIC:                        -3.157e+05
Df Residuals:                   62733   BIC:                        -3.147e+05
Df Model:                         111
Covariance Type:            nonrobust
==============================================================================
```

我們觀察到，在自解碼神經網絡的下通過逼近複雜的線性和非線性關係構建生成的隱藏因子，對預測所有 A 股的正收益率的模型的 R 平方到達了 0.223。遠遠超過我們使用傳統多因子模型的 0.001，也超越了絕大多數人類學者通過尋找新的因子，構建稀疏性的多因子模型預測個股收益率的努力。足見，我們稱之具有劃時代意義也不為過。

我們再進一步提升模型的複雜度：

- 輸入層神經元 630 個；
- 隱藏因子數量 240 個（初步設置）；
- 隱藏層神經元 315 個，隱藏層數量 60 層；
- L1 正則化係數設定為 0.01，L2 正則化係數設定為 0.01；
- 綜上設置推算，模型的參數數量提升為約 480 萬個。
- 在神經網絡的解碼層使用 sigmoid 激活函數，在隱藏藏以及其他神經網絡層使用 ReLU 激活函數。
- 通過生成神經網絡的訓練生成新的包含了最大限度的預測信息的因子，也稱為隱藏因子。
- 使用隱藏因子為解釋變量，整個資本市場的所有個股的日收益率為被解釋變量，進行迴歸分析，並輸出相應的迴歸係數和模型擬合優度。

```
# 設置隱藏因子的數量
encoding_dim = 240
hidden_dim=315
num_hidden_layer=60
# 添加 L1 正則化
encoder_layer = Dense(encoding_dim, activation='relu', activity_regularizer=regularizers.l1(0.01 ))
# 添加 L2 正則化
encoder_layer = Dense(encoding_dim, activation='relu', activity_regularizer=regularizers.l2(0.01))
decoding_dim=256
input_layer = Input(shape=(630,))
encoder_layer = Dense(encoding_dim, activation='relu', kernel_initializer='he_normal')(input_layer)
encoder = Model(inputs=input_layer, outputs=encoder_layer)

# 自編碼器模型
```

```
autoencoder = Sequential()
autoencoder.add(encoder)
autoencoder.add(Dense(input_dim, activation=’sigmoid’))
# 解碼層
autoencoder.compile(optimizer=Adam(learning_rate=0.00001), loss=’mean_squared_error’)
# 訓練自編碼器模型，使用訓練集的特徵進行訓練和驗證
autoencoder.fit(features_train, features_train, epochs=100,batch_size=512, shuffle=True, validation_data=(features_test, features_test))
# 使用編碼器對特徵進行降維
encoded_features_train = encoder.predict(features_train)
encoded_features_test = encoder.predict(features_test)
# 使用編碼器對特徵進行降維
encoded_features_train = encoder.predict(features_train)
# 轉換為 Pandas DataFrame
encoded_features_train_df = pd.DataFrame(encoded_features_train)
# 使用降維後的特徵訓練預測模型，這裏我們使用一個簡單的線性迴歸模型作為例子
from sklearn.linear_model import LinearRegression
regressor = LinearRegression()
regressor.fit(encoded_features_train, target_train)
# 對測試集進行預測並評估模型性能
predictions = regressor.predict(encoded_features_test)
from sklearn.metrics import mean_squared_error
mse = mean_squared_error(target_test, predictions)
print(‘Mean Squared Error on test set: ‘, mse)
from sklearn.linear_model import LinearRegression
```

```
# 使用降維後的特徵訓練線性迴歸模型
regressor = LinearRegression()
regressor.fit(encoded_features_train, target_train)
# 獲取線性迴歸模型的參數
coefficients = regressor.coef_  # 迴歸係數，對應每個特徵的權重
intercept = regressor.intercept_  # 截距項
# 打印每個特徵的迴歸係數
for i, coef in enumerate(coefficients):
    print(f'Coefficient for encoded feature {i+1}: {coef}')
# 打印截距項
print(f'Intercept: {intercept}')
import statsmodels.api as sm
# 添加常數項，對應線性迴歸模型的截距
encoded_features_train_with_intercept = sm.add_
constant(encoded_features_train)
# 使用 statsmodels 的 OLS 函數訓練線性迴歸模型
model = sm.OLS(target_train, encoded_features_train_with_
intercept)
results = model.fit()
# 打印每個特徵的迴歸係數、標準誤差和 p 值
print(results.summary())
```

```
                            OLS Regression Results
==============================================================================
Dep. Variable:                 Return   R-squared:                       0.244
Model:                            OLS   Adj. R-squared:                  0.242
Method:                 Least Squares   F-statistic:                     92.83
Date:                Mon, 20 Nov 2023   Prob (F-statistic):               0.00
Time:                        18:43:20   Log-Likelihood:             1.5882e+05
No. Observations:               62845   AIC:                        -3.172e+05
Df Residuals:                   62626   BIC:                        -3.152e+05
Df Model:                         218
Covariance Type:            nonrobust
==============================================================================
```

繼續觀察提高複雜度到 480 萬個模型參數的深度神經網絡，相比原 100 萬個參數的模型，其生成的隱藏因子變量對個股收益率預測的模型 R 平方繼續提升 0.021 提高至 0.244。

使用深度學習自解碼系統所構建預測模型，可以超越幾乎所有認為選擇的稀疏性因子而構建的傳統多因子模型，也顯著超過了 Nagel 等使用貝葉斯學習結合嶺迴歸的線性迴歸學習處理美股的常規機器學習的線性模型解釋力。

深度學習神經網絡的自解碼生成合成隱藏因子的方式展現出了極強的實證資產定價模型的構建能力。事實上，還有諸如 L.Chen M.Pelger&J. Zhu（2022）的生成式對抗網絡等其他的生成是神經網絡也同樣取得了與自解碼的隱藏因子體系類似令人驚歎的定價模型的解釋力的結果（但該對抗神經網絡的建模方式，再處理巨集觀因子時也使用了隱藏因子的方式），感興趣的讀者可以進一步探索。

通過本章節的內容，我們也可以認識到，假如我們簡單的認為深度學習體系只是一個軟件系統，那麼則極大的忽視了機器智慧的潛在力量。我們從簡單幾層的神經網絡的每一層神經元的激活和傳遞，可以觀察到，即便是非常簡單網絡結構，當數據進入到每一層，作為開發該軟件系統（假設真的需要把深度學習也稱為軟件系統的話）的設計者，與其他軟件不同是，神經網絡體系是對數據和優化目標做出反應，這個過程中，即使作為系統的開發者也無法預測函數關係的逼近情況 (如果可以的話，那麼我們就自己做了)，更無法事前預測每一層不同神經元的激活情況，尤其是在億萬級神經元的體系下（當然，其實我們也並不知道我們大腦神經元突觸（synapse）的激活情況）。

結束語
從亞里士多德到現代數理邏輯之思

傳統邏輯

亞里士多德傳統邏輯

項

（希臘語 horos）是命題的基本構件，由確認或否認的動作連結在一起。對於亞里士多德，項簡單的就是作為命題的一部分的「事物」，它是一個認知實體如「觀念」或「概念」。命題（Proposition）在詞項邏輯中是一種「語言的形式」即一種特定類型的判決 / 句子（Sentence），主詞和謂詞合併在一起，以此斷言某事物為真或假。它不是思想、或抽象實體或任何事物。“Proposition” 出自拉丁文，意味着三段論的第一個前提。命題的性質是它是肯定的（謂詞確認主詞）還是否定的（謂詞否認主詞）。所以「所有人都是要必面對出生和死亡的」是肯定的，因為「人」確認了「必面對出生和死亡的」；「沒有人是不面對出生和死亡的」是否定的，因為「人」否認了「不面對出生和死亡的」。

三段論

在結論中的謂詞叫做大項，P；在結論中的主詞叫做小項，S；公共項叫做中項，M。包含大項的前提叫做大前提，包含小項的前提叫做小前提。三段論總是寫成大前提，小前提，結論。所以 AII 形式的三段論寫成：

A M-P 所有貓都是食肉的

I S-M 有些動物是貓

I S-P 有些動物是食肉的

格

格由中項的位置來確定，如以上的 AII 則是如下的第 1 格。

第 1 格	第 2 格	第 3 格	第 4 格
M-P	P-M	M-P	P-M
S-M	S-M	M-S	M-S
S-P	S-P	S-P	S-P

關於三段論的論述主要在亞里士多德的範疇論篇章中，三段論中的命題都具有四種形式之一，分別為：所有 X 都是 Y，記為 XaY；所有 X 都不是 Y，記為 XeY；某些 X 是 Y，記為 XiY；某些 X 不是 Y，記為 XoY。

邏輯推論過程示例：第三格 MaP，所有金融機構都是受監管的；MiS，有些金融機構是商業銀行；S-P，商業銀行是受監管的。

三段論的總共推論的數量 a、e、i、o 在每一段四種可能，則 4*4*4=64。每一格有 64 種推論。

如果我們類比易經數理，易經從陰陽的 2 分，到組合的 4，8，64 全卦也恰好為 64。易經通過 64 卦的變化，從而刻畫人與人、人與因緣環境的互動、起伏的週期循環。雖然在數字上與亞里士多德的格的數理有巧合相似，然而在應用方向上卻大相徑庭。從命題得到格，事實上是形成一個邏輯性的話語體系，討論大前提、小前提、命題是在追求認知客觀真理的過程。然而易經數理是我們從環境和自我處境中抽象出數，通常抽象出的模式的變化，刻畫出天理尋常和人間起伏。

佛學中觀論邏輯描述結構示例——「對時間空性的論述」

問曰：世間眼見三時有作：已去、未去、去時。以有作故，當知有諸法。

答曰：已去無有去，未去亦無去，離已去未去，去時亦無去。

已去無有去，已去故。若離去有去業，是事不然。未去亦無去，未有去法故。去時名半去半未去，不離已去、未去故。

——《中論》觀去來品第二，姚秦鳩摩羅什譯

數理邏輯

「用計算的方法來代替人們思維中的邏輯推論過程」——十七世紀數理邏輯啟蒙數學家萊布尼茨（leibniz）。1847 年，英國數學家 G.Boole 發表了《邏輯的數學分析》，建立了布林代數。布林代數創造了一套符號系統，利用符號來表示邏輯中的各種概念。還建立了一系列的運算法則，利用代數的方法研究邏輯問題。1884 年，德國數學家 Frege 出版了《數論的基礎》，引入量詞的符號，使數理邏輯的符號系統更加完備。Perirce 也引入了更多的邏輯符號。現代數理邏輯逐步取代亞里士多德傳統邏輯，成為牛頓《自然哲學與數學原理》中描述的現代科學研究中的主要邏輯符號體系。

如果我們考察從亞里士多德的邏輯到數理邏輯，其體現了追求客觀真理的邏輯路徑；而易經數理則注重我們哲學層面事物周而復始的規律的模式識別；佛學邏輯則更加關注認識者與被認識者之間的關係，以及對識的本體的認識。

當前，世界處於百年未有之大變局中，東西方也在發生着深刻的變化，包括二戰以來形成的金融體系也是其中一部分。金融本身是一種與實體經濟因緣和合、互為定義的一個領域。如果從數據和數理邏輯出發，尋找東西方與金融體系中的共識，那麼很多的討論則可以是具化和清晰化的，其中蘊含很多非零和博弈的關係，可以互相融合、互為機會的彌合鴻溝帶來更優質的人類繁榮根基。

隨着人工智能大模型的發展，具體某個行業應用層面的深度學習模型，比如本書涵蓋的內容在本書成稿的時間節點觀察，我們認為大模型對此還是生疏的。然而，隨着相關領域（包括本出版物）向機器提供的更多的學習數據越加完整和深入的情況下，大模型是否具備在細分領域的更精準的能力，可能是值得期待的。但即便如此，我們也相信基於人類金融學者所有累積的學術痕跡，正如我們貫穿本書的從均值方差模型、資本資產定價模型、多變量的因子模型、時間序列模型，以及由人類學者首先主導的機器學習與深度學習融入實證資產定價領域的探索和研究成果，也是大模型機器智慧介入本領域形成見解能力的基礎。在此意義上，未來大模型的發展即便有其技術意義，但就語言模型通過學習和連結知識處理數據形成的智慧體而言，人類知識尤其與經濟金融領域相關的知識因為需要在人與人構成的社會主體中演化，那麼意義依然是決定性的。但就資本市場的交易而言，人的智慧和機器的智慧相結合，已經不是新鮮事，也可能是難以避免的趨勢。如何監管，如果回歸對基礎性的企業價值和人類金融行為的分析，也會面臨新的環境和情況。

索引

第一章 概述

離岸人民幣（Chinese Yuan in Hong Kong, CNH）：根據 Cheung（2014）[1] 為實現人民幣國際化，中國政府推出在中國大陸境外流通或交易的人民幣，市場不受政府管制，並享有兑換自由，因此其匯率是隨市場供求面浮動，容易受到國際因素影響。

2010 年，中國人民銀行與香港人民幣業務清算行簽署新修訂的《香港銀行人民幣業務的清算協議》，離岸人民幣外匯市場正式啟動，而香港是目前全球離岸人民幣業務樞紐，全球約七成的離岸人民幣支付款額經香港處理。

美國證券交易委員會（United States Securities and Exchange Commission, SEC）：根據 Atkins & Bondi（2008）[2]，美國於 1934 年正式成立專門負責監督和管理證券交易市場的直屬政府機關，執行美國有關證券交易的法律，維持市場的公平性和有效性，從而確保經濟的穩定發展。

1929 年，美國經濟大蕭條以致美股大崩盤，美股公司見狀為吸引資金，而虛報財政報告，令投資者對市場更加沒有信心。美國國會為重整市場氣氛及經濟，以保護投資者利益為方針，通過《1933 證券法案》和《1934 證券交易法案》，而成立美國證券交易委員會。

1 Cheung, Y. W. (2014). The role of offshore financial centers in the process of renminbi internationalization.

2 Atkins, P. S., & Bondi, B. J. (2008). Evaluating the mission: A critical review of the history and evolution of the SEC enforcement program. Fordham J. Corp. & Fin. L., 13, 367.

國內生產總值（Gross Domestic Product, GDP）：Brezina（2011）[1] 定義 GDP 為一個國家或地區於一個特定時期內所生產的產品和服務的最終價值，用以檢視其經濟結構和狀況及發展水準。計算公式可以以生產增值總和、生產要總收入及支出總值三面去計算，基於三面等價原則，結果理應等同。

三方面	計算公式
生產增值總和	*GDP = 第一產業產 + 第二產業產 + 第三產業產值*
生產要總收入	*GDP = 工資* (W) *+ 地租* (R) *+ 利息* (I) *+ 利潤* (π)
支出總值	*GDP = 私人消書開支* (C)*+ 投套總額* (D)*+ 政府消費開支* (G) *+ 淨出口* (NX)

即時支付系統（Real-Time Gross Settlemen, RTGS）：又稱結算所自動轉帳系統，參考香港金管局（2023）[2] 的定義，是能提供讓銀行同業之間即時全額支付的資金轉帳及最終結算服務。香港的即時全額支付系統設有港元、美元、歐元及人民幣四種貨幣，滲透本地及國際系統聯網，令兩訖外匯交易可同步結算。

債務工具中央結算系統（Central Moneymarkets Unit, CMU）：香港於 1990 年設立債務工具中央結算系統，參考香港金管局（2023）[3] 的定義，是為外匯基金票據及債券提供電腦化結算及交收服務，現時結合與 RTGS 系統，透過區內中央證券託管機構及國際中央證券託管機構進行跨境 DvP 結算交收，發展成為香港以港元及其他主要貨幣計價債務證券的結算託管系統，讓香港債券市場能延伸至國際。

1 Brezina, C. (2011). Understanding the gross domestic product and the gross national product. The rosen publishing group, INC.

2 香港金融管理局（2023,May 24）支付系統。https://www.hkma.gov.hk/chi/key-functions/international-financial-centre/financial-market-infrastructure/payment-systems/

3 香港金融管理局（2023, May 24）債務工具結算系統。https://www.hkma.gov.hk/chi/key-functions/international-financial-centre/financial-market-infrastructure/debt-securities-settlement-system/

Stata：根據 StataCrop（2024）[1]，Stata 是一套提供數據管理、統計分析、圖形繪製、類比、迴歸和自訂程式設計的整合性統計軟體。

Python：根據 Python（2024）[2]，Python 是一種在 OSI 批准的開源許可下開發的程式設計語言，可用於各種計算任務，如統計分析、Web 應用程式、軟體發展、數據科學與機器學習等，並可以與其他不同的語言（如 C、C++、Java）集成。

第二章 金融數據介紹、收益率與投資組合有效前沿

截面數據（Cross-section data）：根據 Mann(2010)[3]，截面數據包含同一時間點或同一時間段內總體或樣本的不同元素的數據信息。

時間序列數據（Time series data）：根據 Mann(2010)[4]，時間序列數據包含不同時間點或不同時間段內總體或樣本的相同元素的數據信息。

面板數據（Panel data）：Hsiao(2022)[5] 面板數據集是隨着時間的推移追蹤給定的個體樣本的數據集，從而提供樣本中每個個體的多個觀察結果。不同物件在不同時間上的指標數據，即在時間序列 n 個時間節點上取 m 個物件的某些特徵的數據觀測值，同時選取樣本觀測值所構成的樣本數據，形成了一個 m×n 的數據矩陣。

平均值（Mean）：Rayner(1988)[6] 是數據集所有樣本的數值總和除以樣本的總數量。

---

1 StataCorp (2024). Stata features. https://www.Stata.com/

2 Python (2024). About. https://www.python.org/about/

3 Mann, P. S. (2010). Introductory statistics. *Cross-Section Versus Time-Series Data.* (p.13). John Wiley & Sons.

4 Mann, P. S. (2010). Introductory statistics. *Cross-Section Versus Time-Series Data.* (pp.13-14). John Wiley & Sons.

5 Hsiao, C. (2022). Analysis of panel data (No. 64). *Introduction.* (p.1). Cambridge university press.

6 Rayner, D. (1988). General Mathematics: Revision and Practice. *Mean, median and mode.* (p.208). Oxford University Press, USA.

中位數（Median）：Rayner(1988)[1] 定義為是從小至大順序排列的有序數據集之「中間點」位置對應的數值，如果數據排列後中點位置是奇數，則為其中位數；若數據排列後中點位置是偶數，則中間兩個數據的算術平均值為其中位數。

眾數（Mode）：Rayner(1988)[2] 表示眾數為數據集中出現次數最高的數值。

方差或標準差（Variance/Standard Deviation）：Spiegel, Srinivasan & Schiller(2000)[3] 表示方差是隨機變數值關於平均數的離差或分散度的量測，並定義為以下公式：

$$Var(X) = E[(X-\mu)^2]$$

而標準差基於方差是一個非負數的前題下，其正標準差由下式給出：

$$\sigma_x = \sqrt{Var(X)} = \sqrt{E[(X-\mu)^2]}$$

正態分佈（Normal Distribution）：也稱正態分佈或高斯分佈（Gaussian Distribution），是一個非常常見的連續概率分佈，用以代表一個不明的隨機變數。

若隨機變數 X 服從一個位置參數為 μ，尺度參數為 σ 的正態分佈，本書中撰錄的函數表式如下：

$$X \sim N(\mu, \sigma^2)$$

David (2011)[4] 表示常態分佈的平均值和標準差可能有所不同，參數 $\boldsymbol{\mu}$ 和 $\boldsymbol{\sigma}$ 分別是平均值和標準差以定義常態分佈。

正態分佈的數學期望等於位置參數 μ，決定了分佈的位置；其標準方差等

---

1 Rayner, D. (1988). General Mathematics: Revision and Practice. *Mean, median and mode.* (p.208). Oxford University Press, USA.

2 Rayner, D. (1988). General Mathematics: Revision and Practice. *Mean, median and mode.* (p.208). Oxford University Press, USA.

3 Spiegel, M. R., Srinivasan, R. A., & Schiller, J. J. (2000). Schaum's outline of theory and problems of probability and statistics. *The Variance and Standard Deviation.* (pp.77-78). Erlangga.

4 David M. L. (2011). Introduction to Statistics. *Normal Distribution.* (pp.248-249). Rice University, University of Houston Clear Lake, and Tufts University.

於尺度參數 σ，決定了分佈的幅度。

而其密度（x 軸上給定值的高度）如下所示：

$$\frac{1}{\sqrt{2\pi\sigma^2}}e^{-\frac{(x-\mu)^2}{2\sigma^2}}$$

簡單收益率（Simple Rate of Return, SRR）：Vatter(1966)[1] 認為是指特定期間內的持有投資所產生的財富收益或損失的百分比，是能評估績效的指標。

以下為本書中撰錄的公式總覽：
設 P_t 是某資產在 t 時間點的價格。

單期簡單毛收益率則為：$1+R_t=\frac{P_t}{P_{t-1}}$

單期簡單淨收益率 $\boldsymbol{R_t}$ 的公式則為：

$$R_t=\frac{P_t-P_{t-1}}{P_{t-1}}=\frac{P_t}{P_{t-1}}-1$$

k **期簡單毛收益率**公式則為：

$$1+R_t(k)=\frac{P_t}{P_{t-k}}=\prod_{j=0}^{k-1}\left(1+R_{t-j}\right)$$

k **期淨收益率 $\boldsymbol{R_t(k)}$**則為：

$$R_t(k)=\frac{P_t}{P_{t-k}}-1=\frac{P_t-P_{t-k}}{P_{t-k}}$$

資產組合的簡單收益率收益率（Simple rate of return of portfolio）：以下為本書中撰錄的公式總覽： 設有 N 類資產，P_t 是某資產在時間點的價格，在 t-1 時刻組合淨值為

1 Vatter, W. J. (1966). Income models, book yield, and the rate of return. *The Accounting Review*, *41*(4), 681-698.

$$A_{p,t-1} = \sum_{i=1}^{N} A_{i,t-1} = A_{p,t-1} \sum_{i=1}^{N} w_i$$

其中$w_i = \frac{A_{i,t-1}}{A_{p,t-1}}$是第 i 項資產的權重，於是

$$A_{p,t} = \sum_{i=1}^{N} A_{i,t-1}(1 + R_{i,t}) = A_{p,t-1} \sum_{i=1}^{N} w_i(1 + R_{i,t}) = A_{p,t-1}\left(1 + \sum_{i=1}^{N} 〚w_i R_{i,t})〛\right.$$

資產組合的簡單收益率可由權重收益率累加。

超額收益率（Excess Returns）：以下為本書中撰錄的公式總覽：

$$Z_t = R_t - R_{0t}$$

R_{0t} 為基金經理的對標收益，通常為市場指數的收益率，或者無風險收益率。

Ernest & Barnes (2003)[1] 指由於無風險利率不存在任何風險，超額收益率又稱風險溢酬，也就是承擔風險的增量收益。

偏度（Skewness）：Groeneveld & Meeden (1984)[2] 指出是為衡量數據所有取值分佈的方向偏斜程度。本書中撰錄的計算公式為：

$$Skewness = \frac{1}{n-1} \sum_{i=1}^{n} \left(\frac{x_i - \bar{x}}{SD}\right)^3$$

峰度（Kurtosis）：Groeneveld & Meeden (1984)[3] 指出是指衡量數據所有取值分佈的峰值陡緩程度。本書中撰錄的計算公式為：

---

1 Biktimirov, Ernest & Barnes, Thomas. (2003). Definitions of return. *Journal of Accounting and Finance Research*. 11. 24-37.

2 Groeneveld, R. A., & Meeden, G. (1984). Measuring Skewness and Kurtosis. *Journal of the Royal Statistical Society. Series D (The Statistician)*, 33(4), 391-399. https://doi.org/10.2307/2987742

3 Groeneveld, R. A., & Meeden, G. (1984). Measuring Skewness and Kurtosis. *Journal of the Royal Statistical Society. Series D (The Statistician)*, 33(4), 391-399. https://doi.org/10.2307/2987742

$$Kurtosis = \frac{1}{n-1}\sum_{i=1}^{n}\left(\frac{x_i - \bar{x}}{SD}\right)^4 - 3$$

聯合概率密度函數（Joint probability density function, PDF）：根據 Pishro-Nik (2014)[1]，如果存在一個非負函數

$f_{XY}: \mathrm{R}^2 \to \mathrm{R}$，兩個隨機變數 X 和 Y 是聯合連續，對於任何集合 $A \in \mathrm{R}^2$，便能得到：

$$\mathrm{P}\left((X,Y) \in A\right) = \iint_A f_{XY}(x,y)dxdy$$

函數 f_{XY} 便是 X 和 Y 聯合概率密度函數。

邊緣分佈（Marginal distribution）：DeGroot & Schervish (2012)[2] 定義為是單一隨機變數的分佈。

條件分佈（Conditional distribution）：是作為可評估單一變數在特定條件下的分散情況的工具。根據 DeGroot & Schervish (2012)[3]，設 X 和 Y 有着帶有聯合概率函數 f 的離散聯合分佈，並設 f_2 表示為 Y 的邊緣概率函數，對於每個 y 使得 $f_2(y) > 0$，便能定義為：

$$g_1(x|y) = \frac{f(x,y)}{f_2\,(y)}$$

而 g_1 便稱為給定 Y 的 X 的條件概率函數；概率函數為 $g_1(.|y)$ 的離散分佈便稱為給定 $Y = y$ 的 X 的條件分佈。

貝塔（Beta, β）：Levy(1974)[4] 指出貝塔是衡量股價波動性的指標，也就是

1 Pishro-Nik, H. (2014). *Introduction to probability, statistics, and random processes* (pp.347-532). Blue Bell, PA, USA: Kappa Research, LLC.
2 DeGroot, M. H., & Schervish, M. J. (2012). *Probability and statistics, Fourth Edition*. (pp.130-141)
3 DeGroot, M. H., & Schervish, M. J. (2012). Probability and statistics, Fourth.(p.141)
4 Levy, R. A. (1974). Beta coefficients as predictors of return. *Financial Analysts Journal*, *30*(1), 61-69.

每個股票價格對市場變化的敏感度，即隨着市場百分之一的波動而對股票表現變動百分比。

阿爾法（Alpha, α）：就 CAPM 模型而言，阿爾法的定義，（如詹森阿爾法 Jensen alpha）是迴歸的截距項，是基於系統性風險的。實際投資組合與計算的風險調整回報之間的差異是投資組合相對於市場投資組合表現的衡量標準，稱為詹森阿爾法（McMillan, 2011, pp. 276）[1]。在某些定義中，包括了截距項和異象。

有效前沿（Efficient frontier）：Markowitz (1959)[2] 提出以二次規劃去計算了風險及預期回報，形成一個表示在每個投資組合風險等級上最大化預期回報的一組投資組合的權衡圖。

夏普比率（Sharpe Ratio）：Sharpe（1998）[3] 指出夏普比率是旨在衡量零投資策略每單位風險的預期回報，其公式如下：

夏普比率 = 報酬率 - 無風險利率標準差

回溯測試（Backtesting）：Harvey & Liu（2015）[4] 描述為是應用歷史數據構造出一個類比的交易環境，讓其運行後，評估其交易策略的盈利能力、風險控制能力和其他相關指標，從而選擇更優的策略以獲得最佳的結果。

波動率聚集（Volatility clustering）：隨着 Mandelbrot(1963)[5] 在商品價格中發現的大變動往往伴隨着大變動，反之亦然。Cont(2007)[6] 表示其定量表現是，雖然回報本身不相關，但絕對回報$|rt|$或者其平方顯示出正的、

---

1 McMillan, M. G. (2011). *Investments: Principles of Portfolio and Equity Analysis*. Germany: John Wiley & Sons.
2 Markowitz, H., M. (1959). *Portfolio Selection: Efficient Diversification of Investments*. New York: John Wiley & Sons.
3 Sharpe, W. F. (1998). The sharpe ratio. *Streetwise—the Best of the Journal of Portfolio Management*, 3, 169-185.
4 Harvey, C. R., & Liu, Y. (2015). Backtesting. Available at SSRN 2345489.
5 Mandelbrot, B., B. (1963). The variation of certain speculative prices, *Journal of Business*, XXXVI (1963). pp. 392-417.
6 Cont, R. (2007). Volatility clustering in financial markets: empirical facts and agent-based models. In *Long memory in economics* (pp. 289-309). Berlin, Heidelberg: Springer Berlin Heidelberg.

顯著的且緩慢衰減的自相關函數：$corr(|rt|, |rt + r\ |) > 0, r$，的範圍從幾分鐘到幾週，從而表示波動率表現出於一段時間內傾向聚集於一起的現象。

杠杆效應（Leverage effect）：Ait-Sahalia, Fan & Li (2013)[1] 指資產收益與其波動性變化之間通常呈現負相關關係。本書提及在資產價格大幅上揚和大幅下跌兩種情形下，波動率的反映不同，大幅下跌時波動率一般也更大。

波動率 (Volatility)：Welch (2009)[2] 定義為是變數的集中趨勢量測的離散程度，在金融領域，通常透過變異數或標準差來衡量。

歷史波動率（Historical volatility，HV）：McMillan (2012)[3] 定義為股票價格的年化標準差。本書中撰錄的計算公式為：

$$HV = \sqrt{\frac{\sum_t^T (R_t - \bar{R})^2}{T - 1}}$$

式中 $R_t = \ln\left(\frac{P_t}{P_{(t-1)}}\right)$；$P_t$ 表示當日的收盤價；$\bar{R}$ 表示所需天數中 R_t 的平均值。

Figlewski (1994)[4] 證明了歷史波動率可預測資產在特定時期內的變化。

實現波動動率（Realized volatility, RV）：Andersen& Teräsvirta (2009)[5] 指明實現波動率是回報變化的非參數事後估計，而衡量標準是於固定時間間隔內精細採樣的平方回報實現的總和。

本書中撰錄的計算公式為：

---

1 Ait-Sahalia, Y., Fan, J., & Li, Y. (2013). The leverage effect puzzle: Disentangling sources of bias at high frequency. *Journal of financial economics*, *109*(1), 224-249.
2 Welch, I. (2009). *Corporate finance: an introduction*. Glossary. pp.1083-1097.
3 McMillan, L. G. (2012). *Options as a Strategic Investment: Fifth Edition*. U.S.: Penguin Publishing Group.
4 Figlewski, S. (1994). Forecasting volatility using historical data.
5 Andersen, T. G., & Teräsvirta, T. (2009). Realized volatility. In *Handbook of financial time series* (pp. 555-575). Berlin, Heidelberg: Springer Berlin Heidelberg.

$$RV = \sum_{i=1}^{m} 〖(P〗_{t,i} - P_{t,i-1})^2$$

需注意區分的符號表示，t 在以上 RV 公式中表示當日，而 i 表示高頻收益率數據的恆定間隔，如分、秒等。

隱含波動率（Implied volatility，IV）：McMillan (2012)[1] 定義為基於有效市場假說，將市場上的權證交易價格帶入 Black-Scholes 權證理論價格模型，反推出波動率數值。

本書中撰錄的計算公式為：

$$C = S * N(d_1) - Le^{-rT}N(d_2)$$

其中

$$d_1 = \frac{\frac{\ln S}{L} + (r + 0.5 * \sigma^2)T}{\sigma * \sqrt{T}}, d_2 = d_1 - \sigma * \sqrt{T}$$

C 是期權初始合理價格，L 是期權交割價格，S 現貨價格，T 為期權有效期，r 為連續複利計算的無風險收益率，σ^2為年度化方差。

第三章 債券數據分析

零息債券（Zero Coupon Bond）：Welch (2009)[2] 指出是為其債券在到期時一次性支付一次，沒有中期息票，通常以價格低於面值的折扣價發售。

從本書中撰錄的計算其到期收益率公式為：

$$\text{零息債券的到期收益率}\,(YTM) = \left(〖(\frac{F}{P})〗^{\frac{1}{K}} - 1\right.$$

K 為離到期日的年限，P 為購入價格，F 為面值。在考慮持有期間派發利息的情況，則需要考慮金錢的時間價值。投資者在購入時的價格 P 等於持

1 McMillan, L. G. (2012). *Options as a Strategic Investment: Fifth Edition*. U.S.: Penguin Publishing Group.

2 Welch, I. (2009). *Corporate finance: an introduction*. Glossary. pp.1083-1097.

有期間、包括到期時的所有現金收入按照利率 y 貼水到購入時刻的現值。設面額為 F，售價為 P，共派息 k 次，到期收益率為待定的 y，y 對應的時間區間為兩次派息之間的時間區間，各次派息額為 $C1, C2, \ldots, Ck$，則方程為：

$$P = \frac{C_1}{1+y} + \frac{C_2}{(1+y)^2} + \cdots + \frac{C_k}{(1+y)^k} + \frac{F}{(1+y)^k}$$

每股資產淨值（Net Asset Value, NAV）：Bodie, Kane & Marcus (2020)[1] 解釋是為每股資產的實際價值，並列出以下公式：

$$每股資產淨值 = \frac{總資產的市場價值 - 總負債}{流通在外的總股數}$$

內部回報率（Internal Rate of Return, IRR）：Welch (2009)[2] 指出 IRR 是在淨現值等於零的情況下同時計算出大量未來現金流的利率，並列出公式如下：

$$0 = C_0 + \frac{C_1}{1+IRR} + \frac{C_2}{(1+IRR)^2} + \frac{C_3}{(1+IRR)^3}$$

而為初始投資總成本。

即期收益率（spot rate）：Bodie, Kane & Marcus (2020)[3] 指的是適用於折現某個給定期限的現金流量的當前利率。

到期收益率（Yield To Maturity）：Bodie, Kane & Marcus (2020)[4] 說明到期收益率是衡量債券持有至到期將獲得的平均回報率的指標。

<u>牛頓反覆運演算法</u>

---

1 Bodie, Z., Kane, A. & Marcus, J., A. (2020). *Investments.13th edition*. Fixed-Income Securities & Glossory. (pp.100,129,391,896,G9). McGraw Hill.

2 Welch, I. (2009). *Corporate finance: an introduction*. A First Encounter with Capital Budgeting Rules. pp.72-80.

3 Bodie, Z., Kane, A. & Marcus, J., A. (2020). *Investments.13th edition*. Fixed-Income Securities & Glossory. (pp.485-489, G13). McGraw Hill.

4 Bodie, Z., Kane, A. & Marcus, J., A. (2020). *Investments.13th edition*. McGraw Hill.

$$YTM_{m+1} = YTM_m - \frac{f(YTM_m)}{f^{'}(YTM_m)}$$

現值方程 f（YTM）：

$$P = \sum_{n=1}^{T} C_n / (1 + YTM)^n + F/(1 + YTM)^n$$

F 為債券面值，P 為債券價格，C 為債券每期利息，N 為期數。

將現值方程函數設為內層函數 u（x）和外層函數 v（u）：

$$u = 1 + YTM\text{；}v(u) = \frac{C}{u^n}$$

對 v(u) 關於 u 求導，得到－n∗C/u^（n+1），然後乘以 u 關於 YTM 的導數，即：

$$\frac{du}{dYTM} = 1$$

對利息 C 折現和 F 面值的折現同時使用冪規則和鏈規則求導，可得：

$$\frac{dP}{dYTM} = -\sum_{n=1}^{N} \frac{n * C}{(1 + YTM)^{1+n}} - \frac{N * F}{(1 + YTM)^{N+1}}$$

前向差分公式求導數近似值：

$$f'(YTM) = \frac{f(YTM + \Delta YTM) - f(YTM)}{\Delta YTM}$$

基點值（Price value of basis poin, PVBP）：交易中形容利率或其他百分比變動的計量單位，本書提到的是一個基點的貨幣價值，是要求收益率變動一個基點時，債券價格的變動量。

久期（Duration）：

久期是一種測度債券發生現金流的平均期限的方法，也能衡量債券價格對利率變化敏感性 (Bodie, Kane & Marcus,2020)[1]。

麥考利久期（Macaulay Duration）

等同於以上公式其中的部分：

1 Bodie, Z., Kane, A. & Marcus, J., A. (2020). *Investments. 13th edition*. Managing Bond Portfolio. (pp.513-519). McGraw Hill.

Macaulay (1938)[1] 定義了久期，並指出計算久期可根據債券的每次息票利息或本金支付時間的加權平均，而每次支付時間的權重應是其支付在債券總價值中所佔的比例，其比例等於支付的現值除債券價格。

節錄於本書中的公式如下：

$$\text{麥考利久期} = \frac{\sum_{t=1}^{k} \frac{tC}{(1+y)^t} + \frac{nM}{(1+y)^n}}{P}$$

P 為債券價格，C 為債券每期利息，y 為預期收益率，k 為期限，t 為期數。

$$\frac{dP}{dy} * \frac{1}{P} = \frac{1}{1+y} * \text{麥考利久期}$$

修正久期（Modified duration）

公式為上述公式其中的左邊部分：

$$\frac{dP}{dy} * \frac{1}{P} = \frac{1}{1+y} * \text{麥考利久期}$$

Bodie, Kane & Marcus (2020)[2] 表示修正久期是衡量債券利率變動風險的自然指標。

凸性（Convexity）：Bodie, Kane & Marcus (2020)[3] 講述凸性是量度利率敏感度，即債券價格與利率曲線的彎曲程度，更可以修正久期預測的偏差。

節錄於本書中的公式如下：

$$\text{凸性測度} = \frac{d^2P}{dy^2}\frac{1}{P}$$

---

1 Macaulay, F. R. (1938). Some theoretical problems suggested by the movements of interest rates, bond yields and stock prices in the United States since 1856. *NBER Books*.

2 Bodie, Z., Kane, A. & Marcus, J., A. (2020). *Investments. 13th edition*. Fixed-Income Securities & Glossory. (pp.485-489, G13). McGraw Hill.

3 Bodie, Z., Kane, A. & Marcus, J., A. (2020). *Investments. 13th edition*. Managing Bond Portfolio. (pp.519-527). McGraw Hill.

在實際測度凸性的計算中，通常使用近似的計算公式：

$$凸性測度 = \frac{d^2P}{dy^2}\frac{1}{P}$$

在實際測度凸性的計算中，通常使用近似的計算公式：

$$凸性測度 = \frac{P_{\mp P_{\pm 2P_0}}}{2 * P_0 * (\Delta y)^2}$$

利差（Yield spread）：本書中定義為兩個債券的收益率之差。

以下為各款利差簡介：

基準利差（benchmark spread）

本書中提到利差稱基準利差，當債券 A 為非基準債券，債券 B 為基準債券的時候，計算方式如下：

基準利差＝*非基準債券收益率－基準債券收益率*

當中又分為 G-spread 和 Z-spread。

G-spread (名義利差)

同一期限的非基準債券及基準債券的名義收益率之差。

Z-spread (零波動性利差)

非基準債券及基準債券的即期利率之差。

收益率利差（Yield spread）

O'Kane & Sen (2005)[1] 定義是信用風險債券的到期收益率與不限相同的現有國債基準債券的到期收益率之差。

1 O'Kane, D., & Sen, S. (2005). Credit spreads explained. *Journal of Credit Risk*, *1*(2), 61-78.

相對利差（Relative Yield Spread）

$$相對利差=\frac{(債券A的收益率-債券B的收益率)}{債券B的收益率}$$

信用利差（Credit spread）

又稱品質利差 (Quality spread)，根據 Collin-Dufresn et al (2001)[1] 的定義，意指信用利差為某債券的殖利率與同一期限國債曲線的相關殖利率之間的差異。

期權（Option）：Cox et al（1979）[2] 指是一種賦予持有人在給定日期或之前的任何時間以固定價格及固定數量交易特定普通股的權利購進或售出一種資產的合約。

期權調整利差（Option adjusted spread, OAS）：參考 Rabbel & Zenios（1992）[3]，期權調整利差即是內含期權調整未來的現金流之後，平行移動基準利率曲線，令債券未來現金流的貼現值之和等於債券當前的市場價格，通過單變數求解其列出的計算算式如下：

$$市場價格=\frac{1}{S}\sum_{s=1}^{S}\sum_{t=1}^{T}\frac{cf_t^s}{\prod_{i=1}^{t}(1+r_i^s+OAS)}$$

為類比生成的各種可能利率路徑總數；i 為進行模擬時設定時間節點；r_i^S 為每個時間節點中的基準利率水準；t 為未來時刻；cf_t^s 為被期權調整後的所有可能出現的現金流。

1 Collin-Dufresn, P., Goldstein, R. S., & Martin, J. S. (2001). The determinants of credit spread changes. *The Journal of Finance*, 56(6), 2177-2207.

2 Cox, J. C., Ross, S. A., & Rubinstein, M. (1979). Option pricing: A simplified approach. *Journal of financial Economics, 7*(3), 229-263.

3 Rumelhart, D.E., Hinton, G.E. and Williams, R.J. (1986). Learning Internal Representation by Back-Propagation Errors.*Nature*, 323, 533-536. https://doi.org/10.1038/323533a0

看漲期權（Call option）：Cox et al（1979）[1] 定義為以契約形式約定時間，以履約價格購買約定的金融資產的權利。

回購（Repurchase Agreement, repo）：Bodie, Kane & Marcus (2020)[2] 概述為是交易買賣雙方在進行交易的同時，以契約形式約定在將來某一日期（通常是短期及隔夜），由賣方以履約價格向買方回購該金融資產的交易行為。

轉股權債券（Convertible Bond）：Bodie, Kane & Marcus (2020)[3] 描述轉股權債券為允許購買人在規定的時間範圍及數量將其購買的債券轉換成指定公司的股票。

頭寸（Position）：參考 Bodie, Kane & Marcus (2020)[4]，頭寸指投資者在某一特定金融資產中的持倉狀態。

多頭頭寸（Long Position）：買進預期市場價格上升的股票。

空頭頭寸（Short Position）：賣出預期市場價格下升的股票。

當中牽涉遠期合約，Bodie, Kane & Marcus (2020)[5] 表明是一種要求在未來某日以現在商定的價格交割某項資產的合約，此合約的契約下，多頭方有義務買入資產，而空頭方有義務交割資產。

收益率曲線（Yield Curve）：指到期收益率與債券到期時間的關係。國債收益率曲線集合了國債投資人對宏觀經濟的觀點，觀察便可評估當前的經濟情況。

---

1 Cox, J. C., Ross, S. A., & Rubinstein, M. (1979). Option pricing: A simplified approach. *Journal of financial Economics*, 7(3), 229-263.

2 Bodie, Z., Kane, A. & Marcus, J., A. (2020). *Investments. 13th edition*. Fixed-Income Securities. (p. 443). McGraw Hill.

3 Bodie, Z., Kane, A. & Marcus, J., A. (2020). *Investments. 13th edition*. Glossary. (p. G11). McGraw Hill.

4 Bodie, Z., Kane, A. & Marcus, J., A. (2020). *Investments. 13th edition*. Options, Futures, and Other Derivatives. (pp. 763-769). McGraw Hill.

5 Bodie, Z., Kane, A. & Marcus, J., A. (2020). *Investments. 13th edition*. Options, Futures, and Other Derivatives. (pp. 763-769). McGraw Hill.

利差套利 (Arbitrage)：Bodie, Kane & Marcus (2020)[1] 指出是為同時買進和賣出其金融資產的交易策略，從中獲取因利率衍生的價格差異的利潤。

做空 (Short sale)：根據 Bodie, Kane & Marcus (2020)[2] 表示其目的是允許投資者從股票或證券價格下跌中獲利，操作如下：投資者首先從經紀人處借入股票，然後將其賣出，並將收益和保證金存入帳戶，再買入等量相同的股票並償還借入的股票。

通貨膨脹率（Inflation rate）：Laidler & Parkin (1975)[3] 表明是物品價值在給定時期內的上升幅度。物品價值一般以消費物價指數（Consumer Price Index, CPI）表示，CPI 計算公式如下：

$$CPI = \frac{\left(\frac{某商品}{服務的價格}\right)_{給定年份}}{\left(\frac{該商品}{服務的價格}\right)_{初始年份}} \times 100\%$$

$$通貨膨限率 = \frac{CPI_{給定年份} - CPI_{初始年份}}{CPI_{初始年份}} \times 100\%$$

名義利率（Nominal Interest Rate）：Melvin & Norrbin (2017)[4] 講述為是銀行或其它提供資金借貸機構所公佈的未經通貨膨脹因素調整的利率。

根據 Fisher(1930)[5] 提出的費雪方程式（Fisher equation），真實利率的公式如下：

---

1 Bodie, Z., Kane, A. & Marcus, J., A. (2020). *Investments.13th edition*. Arbitrage Pricing Theory and Multifactor Models of Risk and Return. (p.319). McGraw Hill.

2 Bodie, Z., Kane, A. & Marcus, J., A. (2020). *Investments.13th edition*. How Securities are Traded. (pp.85-89). McGraw Hill.

3 Laidler, D, and M Parkin (1975), 'Inflation: a survey', *The Economic Journal*, vol. 85 (Dec.), p.741.

4 Melvin, M., & Norrbin, S. C. (2017). International money and finance. *Exchange Rates, Interest Rates, and Interest Parity.*(pp.115-128). Academic Press.

5 Fisher I. 1930. *The Theory of Interest*. A.M. Kelly: New York.

$$名義利率(i) = 真實利率(R) + 通貨膨脹率(\pi)$$

真實利率（Real Interest Rate）：Melvin & Norrbin (2017)[1] 指是經通貨膨脹因素調整的利率，而包含通貨膨脹率的意義是彌補其預期帶來的實際購買力損失。

根據 Fisher(1930)[2] 提出的費雪方程式（Fisher equation），真實利率的公式如下：

$$真實利率(R) = 名義利率(i) - 通貨膨脹率(\pi)$$

自然失業率（Natural rate of unemployment）：Rogerson (1997)[3] 提出自然失業率是指排除勞動市場改革等供給方因素的影響，通膨維持穩定時的失業率。又稱不會令通脹加速的失業率（Non-accelerating Inflation Rate of Unemployment，NAIRU）。

市場出清（Market Clearing）：Arora(2007)[4] 說明市場出清即是在市場調節供給和需求的過程中，市場機制能夠自動地消除超額供給或超額需求，並在短期內自發地趨於市場均衡狀態。

第四章 迴歸分析

因變量 (Dependent Variable)：根據 Rawlings et. al. (1998)[5]，因變量是作為被觀察的一個隨機變量，是可能會受到自變量影響的結果變量。

1 Melvin, M., & Norrbin, S. C. (2017). International money and finance. *Exchange Rates, Interest Rates, and Interest Parity.*(pp.115-128). Academic Press.

2 Fisher I. 1930. *The Theory of Interest*. A.M. Kelly: New York.

3 Rogerson, R. (1997). 'Theory ahead of language in the economics of unemployment', *Journal of Economic Perspectives*, Vol. 11, pp. 73-92.

4 Arora, K., G. (2007). *Introductory Microeconomics*. India: McGraw-Hill Education (India) Pvt Limited. (p. 260). ISBN 9780070616615.

5 Rawlings, J. O., Pantula, S. G., & Dickey, D. A. (Eds.). (1998). *Applied regression analysis: a research tool.* Review of Simple Regression.(p.1-) New York, NY: Springer New York.

自變量 (Indepentdent Variable)：Rawlings et. al. (1998)[1] 說明自變量是其他被認為提供有關因變量行為信息的變量，作為預測或解釋變量納入模型中。

參數 (Parameters)：Rawlings et. al. (1998)[2] 表示參數是作為自變量函數的簡單係數進入模型。

迴歸關係（Regressive relationship）：本書中提到對於變數間的關係，於大量的統計數據找出數據中在數量變化規律，所揭示的關係就是迴歸關係，以下為本書中所設線性函數關係的數學方程：

$$y = \alpha + \beta x$$

在確定參數 α 及參數 β 的情況下，給定一個自變量 x 的值，我們就能夠得到一個確定的因變數 y 的值。

隨機誤差項（Stochastic error term）：Hill et. al. (2001)[3] 說明誤差項包括可能出現於個別隨機表現中的任何情況，用於在方程中描述真實觀察值和預測值之差。本書中提到將隨機誤差項納入的線性方程表述為：

$$y_t = \alpha + \beta x_t + u_t$$

記 $t = (1, 2, 3, ...T)$ 為觀測值的數量，而 u_t 便是其隨機誤差項。

最小二乘法（Ordinary least squares, OLS）：根據 Rawlings et. al. (1998)[4]，最小二乘法可以解決應變數的隨機誤差而導致每對觀察到的數據點給出不同的結果，而求解真實的參數值。其計算過程如下，通過確定未知參數，

1 Rawlings, J. O., Pantula, S. G., & Dickey, D. A. (Eds.). (1998). *Applied regression analysis: a research tool.* Review of Simple Regression.(p.1-) New York, NY: Springer New York.

2 Rawlings, J. O., Pantula, S. G., & Dickey, D. A. (Eds.). (1998). *Applied regression analysis: a research tool.* Review of Simple Regression.(p.1-) New York, NY: Springer New York.

3 Hill, C. R., W. E. Griffiths, and G. G. Judge, (2001), *Undergraduate Econometrics*. New York: John Wiley & Sons.

4 Rawlings, J. O., Pantula, S. G., & Dickey, D. A. (Eds.). (1998). *Applied regression analysis: a research tool.* Review of Simple Regression.(p.1-) New York, NY: Springer New York.

來使得真實值和預測值的最小殘差平方和，建構出最優擬合直線，給出其最佳的解。

書中表示經典線性迴歸模型基本假設對殘差是的限制條件如下：

(1) 殘差是零均值：$E(u_t) = 0$；

(2) 殘差具常數方差：$var(u_t) = \sigma^2 < \infty$；

(3) 殘差項之間是獨立的統計意義：$cov(u_i , u_j) = 0$；

(4) 殘差項與變量 x 無關：$cov(u_t , x_1) = 0$；

(5) 殘差項服從正態分佈$u_t \sim N(0, \sigma^2)$。

根據高斯－瑪律可夫定理，假設 (1)-(4) 若被滿足，由最小二乘法得到的估計量$\widehat{\alpha}$、$\widehat{\beta}$便是最優線性無偏估計量 (Best Linear Unbiased Estimators)。

本書中提到在其假設下，估計量的概率分佈計算方式如下：

在上述給定條件 (5)，當殘差項服從正態分佈，則y_t也服從正態分佈。係數估計量也是服從以下位置參數和尺度參數的正態分佈：$\widehat{\alpha} \sim N(\alpha, var(\alpha)$及$\widehat{\beta} \sim N(\beta, var(\beta)$，其正態分佈如下：

$$\frac{\widehat{\alpha} - \alpha}{\sqrt{var(\alpha)}} \sim N(0,1)$$

$$\frac{\widehat{\beta} - \beta}{\sqrt{var(\beta)}} \sim N(0,1)$$

擬合優度檢驗（Goodness of fit）：

總離均差平方和 (Total sum of squares, TSS)：是指反映全部數據誤差大小的平方和，參考 Rawlings et. al. (1998)[1]，給出的計算公式如下：

1 Rawlings, J. O., Pantula, S. G., & Dickey, D. A. (Eds.). (1998). *Applied regression analysis: a research tool.* Review of Simple Regression.(p.1-) New York, NY: Springer New York.

$$TSS = ESS + RSS$$

$$\sum (y_t - \bar{y})^2 = \sum (\widehat{y_t} - \bar{y})^2 + \sum \widehat{u_t^2}$$

迴歸平方和 (Explained sum of squares, ESS)：即是上述公式 $\sum (\widehat{y_t} - \bar{y})^2$ 的部分。Rawlings et. al. (1998)[1] 指是可以被模型解釋因變量 Y 的估計值與平均值的差異。

殘差平方和 (Residual sum of square, RSS)：即是上述公式 $\sum \widehat{u_t^2}$ 的部分。Rawlings et. al. (1998)[2] 指是不能可以被模型解釋因變量 Y 的觀察值與估計值的差異。

本書中表述殘差平方和計算數式如下：

$$RSS = \sum \widehat{u_t^2} = \sum_{t-1}^{T} (y_t - \hat{y}_t)^2$$

上述算式中的 $(y_t - \hat{y}_t)$ 為殘差的表式，Rawlings et. al. (1998)[3] 表示是用作為測量數據和擬合模型之間的差異。

決定係數 (Coefficient of determination, R^2)：Rawlings et. al. (1998)[4] 說明其是為以下列式：

$$R^2 = \frac{\text{自變量} X \text{ 提供的附加資訊}}{\text{因變量} Y \text{ (校正) 平方和}} = \frac{\widehat{\beta_1^2} \sum (X_t - \bar{X})^2}{\sum y_t^2}$$

---

1 Rawlings, J. O., Pantula, S. G., & Dickey, D. A. (Eds.). (1998). *Applied regression analysis: a research tool.* Review of Simple Regression.(p.1-) New York, NY: Springer New York.

2 Rawlings, J. O., Pantula, S. G., & Dickey, D. A. (Eds.). (1998). *Applied regression analysis: a research tool.* Review of Simple Regression.(p.1-) New York, NY: Springer New York.

3 Rawlings, J. O., Pantula, S. G., & Dickey, D. A. (Eds.). (1998). *Applied regression analysis: a research tool.* Review of Simple Regression.(p.1-) New York, NY: Springer New York.

4 Rawlings, J. O., Pantula, S. G., & Dickey, D. A. (Eds.). (1998). *Applied regression analysis: a research tool.* Review of Simple Regression.(p.1-) New York, NY: Springer New York.

從而可得知迴歸直線對觀測值的擬合程度，而 $R^2 \in [0,1]$ (即其範圍設置從 0 至 1)。

假設檢驗（Hypothesis testing）: 參考 DeGroot & Schervish (2012)[1]，是對總體的某種規律或觀察到的問題提出一個假設，更展述此假設稱為原假設（Null hypothesis），記為 H_0；一般並列的有一個備擇假設（alternative hypothesis）, 記為 H_1。通過樣本數據來檢驗，若確認參數 θ 位於參數空間的子集 Ω_0，則接受 H_0; 若確認參數 θ 位於參數空間的子集 Ω_0，則拒絕。

置信區間檢驗法（confidence interval approach）

Helwig (2020)[2] 定義為如下，給定置信水準 $\alpha \in (0, 1)$，機率陳述為

$$P\left(\alpha(\hat{\theta}) < \theta < b(\hat{\theta})\right) = 1 - \alpha$$

定義了一個未知參數 θ 的 $100(1-\alpha)\%$ 置信區間，而置信區間端點 $a(\cdot)$ 和 $b(\cdot)$ 是估計值 $\hat{\theta}$（隨機變數）的函數，而 $100(1-\alpha)\%$ 的置信區間提供了一系列取決於 $\hat{\theta}$ 的值，例如 θ 位於區間內的機率為 $(1-\alpha)$。

參考 DeGroot & Schervish (2012)[3]，t 檢驗 (t value) 是運用 t 分佈基礎的假設檢驗，可以處理不知其平均數和方差的檢驗時。本書中實則操作如下：

首先用 OLS 法迴歸本書中提到將隨機誤差項納入的線性方程

$$y_t = \alpha + \beta x_t + u_t$$

得到 β 的估計值及其標準差 。假定我們建立的零假設是：$H_0: \beta = \beta^*$，備則假設是 $H_1: \beta \neq \beta^*$（這是一個雙側檢驗)。

1 DeGroot, M. H., & Schervish, M. J. (2012). *Probability and statistics, Fourth Edition*. (p.531)
2 Helwig, N. E. (2020). Confidence Intervals.
3 DeGroot, M. H., & Schervish, M. J. (2012). *Probability and statistics, Fourth Edition*. (p.576)

建立統計量：

$$t_{sta} = \frac{(\widehat{\beta} - \beta^*)}{SE(\widehat{\beta})}$$

然後選擇一個顯著性水準（通常為 5%），這相當於選擇 95% 的置信度。查 t 分佈表，獲得自由度為 T-2 的臨界值 t_{crit}，所建立的置信區間為 $(\widehat{\beta} - t_{crit} * sE(\widehat{\beta}), \widehat{\beta} + t_{crit} * sE(\widehat{\beta}))$，如果零假設 β^* 值落在置信區間外，我們就拒絕 $H_0: \beta = \beta^*$ 的原假設；反之，則不能拒絕。通常情況下，置信區間檢驗是雙側檢驗。

多元迴歸（Multiple regression）：Allison(1999)[1] 說明多元迴歸是一種研究單一因變數與一個或多個自變數之間關係的統計方法，主要是作為預測及分析的工具，並且以最小二乘法來估計迴歸方程。

書中內容對其原始模型假設引展：

$$Y = \beta_1 + \beta_2 x_{2t} + \beta_3 x_{3t} + \cdots \beta_k x_{kt} + u_t, \qquad t = 1,2,3 \ldots T$$

對 y 產生影響的解釋變數共有 $k - 1$（$x2t, x3t \ldots, xkt$）個，係數（$\beta 1' \beta 2' \ldots . \beta k$）分別衡量了解釋變數對因變數 y 的邊際影響的程度。矩陣形式為 $y = X\beta + \mu$，這裏：y 是 T×1 矩陣，X 是 T×k 矩陣，β 是 k×1 矩陣，u 是 T×1 矩陣，在多變數迴歸中殘差向量為：$\widehat{u} = \begin{bmatrix} \widehat{u_1} \\ \ldots \\ \widehat{u_T} \end{bmatrix}$;；

而殘差平方和：$RSS = [\widehat{u_1} \quad \ldots \quad \widehat{u_T}] \times \begin{bmatrix} \widehat{u_1} \\ \ldots \\ \widehat{u_T} \end{bmatrix} = \sum \widehat{u}^2$；

進一步可以得到多變數迴歸模型的殘差的樣本方差：

$$s^2 = \frac{\widehat{u}\widehat{u}'}{T - k}$$

1 Allison, P. D. (1999). *Multiple regression: A primer*. Pine Forge Press.

邏輯迴歸（Logistic Regression）：

Hosmer et al.(2013)[1] 表示在被解釋變數是二分類時，邏輯迴歸模型會更適合進行解釋。

本書中提供了以 0 和 1 的分類變數的算式表示：

設虛擬變數為D_i，引入一個無約束的變數 y_i，令：

$$y_i = \beta_0 + \beta_i X_i + \varepsilon_i$$

進一步：

$$D_i = \frac{1}{1 + e^{-y_i}} = \frac{1}{1 + e^{-(\beta_0 + \beta_i X_i + \varepsilon_i)}}$$

可以得出：

$$\ln\left(\frac{D_i}{1 - D_i}\right) = y_i = \beta_0 + \beta_1 X_i + \varepsilon_i$$

機會比例（odds ratio）

Hosmer et al.(2013)[2] 表示機會比例是表示結果在 x=1 的結果中出現的可能性（或不太可能）比在 x=0 的結果中出現的可能性大多少，並列出其關係算式推論：

$$機會比例 = \frac{D_i}{1 - D_i} = \frac{\left(\frac{e^{\beta_0 + \beta_i}}{1 + e^{\beta_0 + \beta_i}}\right) / \left(\frac{1}{1 + e^{\beta_0 + \beta_1}}\right)}{\left(\frac{e^{\beta_0}}{1 + e^{\beta_0}}\right) / \left(\frac{1}{1 + e^{\beta_0}}\right)} = \frac{e^{\beta_0 + \beta_1}}{e^{\beta_0}} = e^{(\beta_0 + \beta_1) - \beta_0} = e^{\beta_i}$$

所以本書中提供邏輯迴歸的寫法可以為：

$$L: \Pr(D_i = 1) = \beta_0 + \beta_i X_i + \varepsilon_i$$

---

1 Hosmer Jr, D. W., Lemeshow, S., & Sturdivant, R. X. (2013). *Applied logistic regression*. John Wiley & Sons.

2 Hosmer Jr, D. W., Lemeshow, S., & Sturdivant, R. X. (2013). *Applied logistic regression*. John Wiley & Sons.

第五章 資產定價模型與因子模型

資本資產定價模型（Capital Asset Pricing Model, CAPM）：Bodie, Kane & Marcus (2020)[1] 指出是一組關於風險資產均衡預期報酬率的預測，也描繪風險和收益之間的關係。從本書中節錄的公式如下：

$$E(R_i) - R_f = \beta_i\big(E(R_M) - R_f\big) + \alpha_i$$

$E(R_i)$ 為資產 i 的收益率期望值；

R_f 為市場無風險利率（實踐中通常以美國國債利率替代）；

R_M 為市場組合的收益率（實踐中通常以市場指數收益替代）；

$E(R_M) - R_f$ 即為市場風險溢價（Market Risk Premium）；

$\beta_i = \frac{cov(R_i,R_M)}{var(R_M)}$ 刻畫了該資產收益對市場收益的敏感度，也是資產 i 對市場因子的暴露程度。

佈雷頓森林體系（Bretton Woods system）：根據 World Bank Group (2016) [2] 的描述，於 1944 年第二次世界大戰後，以美元為中心的國際貨幣體系一共 44 個國家通過了《聯合國家貨幣金融會議的最後決議書》，是針對國際間的貨幣兌換、收支調節、資產儲備架構等範疇的措施及其相應組織結構的規範。另外，更成立了兩大國際金融機構，分別為：國際貨幣基金組織（International Monetary Fund, IMF），負責向成員國提供短期資金借貸，並就國際間貨幣事務協商；和世界銀行（World Bank, WB），提供中長期信貸來促進成員國經濟復蘇。

異象（Anomalies）：Fama & French (1996)[3] 表示資產定價異像是指與證券某些特徵相關的或基於這些特徵形成的證券投資組合的已實現平均收益，

---

1 Bodie, Z., Kane, A. & Marcus, J., A.(2020). *Investments. 13th edition*. How Securities are Traded.(pp.85-89).McGraw Hill.

2 World Bank Group. (2016, January). Bretton Woods Monetary Conference, July 1-22, 1944. World Bank Group Archives Exhibit Series. https://documents1.worldbank.org/curated/en/538791468000300309/pdf/104697-WP-PUBLIC-2008-07-Bretton-Woods-Monetary-Conf.pdf

3 Fama, E. F., & French, K. R. (1996). Multifactor explanations of asset pricing anomalies. *The journal of finance*, *51*(1), 55-84.

與特定資產定價模型預測的收益之間存在統計上的顯著差異。

Fama-French 三因子模型（Fama-French three-factor model）：Fama & French(1993)[1] 為改善 CAPM 中的 β 對風險因素的解釋能力，加入市場、規模及價值三子因數，去分析風險和收益之間的關係，其公式如下：

$$E(R_i) - R_f = \beta_{i,MKT}\left(E(R_{MKT}) - R_f\right) + \beta_{i,SMB}\left(E(R_{SMB}) - R_f\right) + \beta_{i,HML}\left(E(R_{HML}) - R_f\right)$$

$E(R_i)$ 表示股票 i 的期望收益率；
$E(R_{MKT})$ 與資本資產定價模型一樣保留了市場因子的期望收益率；
$E(R_{SMB})$ 為規模因子設定為市值因數的期望收益率；
$E(R_{HML})$ 為價值因子設定為估值因數的期望收益率；
β_i 為風險資產 i 的收益率對整個市場的敏感係數。

因子排序（Factor ordering）：Bender et al.(2013)[2] 認為因子是與一組證券相關的任何特徵去解釋其回報和風險。

以下引用 Fama and French(1993)[3] 的例子展述，他們使用了帳上市值比和市值進行了下表所示的 2 × 3 獨立排序去建立 Fama-French 三因子模型，在排序時，他們把 NYSE、NASDAQ 以及 AMEX 的上市公司分成小市值（Small）和大市值（Big）兩組。

---

1 Fama, E. F., & French, K. R. (1993). Common risk factors in the returns on stocks and bonds. *Journal of financial economics, 33*(1), 3-56.

2 Bender, J., Briand, R., Melas, D., & Subramanian, R. A. (2013). Foundations of factor investing. *Available at SSRN 2543990*.

3 Fama, E. F., & French, K. R. (1993). Common risk factors in the returns on stocks and bonds. *Journal of financial economics, 33*(1), 3-56.

市值		帳上市值比（BM） High 高組	 Middle 中間組	 Low 低組
	Small 小市值	$\frac{S}{H}$	$\frac{S}{M}$	$\frac{S}{L}$
	Big 大市值	$\frac{B}{H}$	$\frac{B}{M}$	$\frac{B}{L}$

留意市值分組是依據紐約證券交易所（NYSE）中上市公司的市值中位數；而 BM 分組是依據 NYSE 中上市公司 BM 的 30% 和 70% 分位數為界。

通過劃分後得到六組，分別為 $\frac{S}{H}$、$\frac{S}{M}$、$\frac{S}{L}$、$\frac{B}{H}$、$\frac{B}{M}$ 和 $\frac{B}{L}$。將每組中的股票收益率按市值加權得到 6 個投資組合；Fama and French（1993）使用如下方法構造規模因子（SMB）和價值因數（HML）：

$$\mathrm{SMB} = \frac{1}{3}\left(\frac{S}{H} + \frac{S}{M} + \frac{S}{L}\right) - \frac{1}{3\left(\frac{B}{H} + \frac{B}{M} + \frac{B}{L}\right)}$$

$$\mathrm{HML} = \frac{1}{2}\left(\frac{S}{H} + \frac{B}{H}\right) - \frac{1}{2\left(\frac{S}{L} + \frac{B}{L}\right)}$$

對於兩個因子，按照其排序分組，構建投資組合，後而分析其表現。

時序模型與因子暴露（Time series and factor exposure）：以下為撰錄於本書中的計算方式：設 λ_t 表示 t 期因子收益率向量，R_{it}^e 為資產 i 在 t 期的超額收益率，二者在時序上滿足如下的線性關係：

$$R_{it}^e = \alpha_i + \beta_i' \lambda_t + \varepsilon_{it}$$

其中 i=（1,2，…N）代表有 N 種資產。

使用最小二乘法 OSL 進行迴歸和參數估計。迴歸後，可以得出資產 i 的係數估計值 $\widehat{\beta_i'}$，以及截距估計值 $\widehat{\alpha_i}$ 和殘差估計值 $\widehat{\varepsilon_{it}}$。其中估計係數 $\widehat{\beta_i'}$ 通常

在業界稱作資產 i 在該項因子上的暴露度，是每提高一個單位的因子收益率對組合超額收益率的影響。

截距（Intercept）：截距項（Intercept）是迴歸模型中的一個常數項，它表示當所有引數的值都為零時，因變數的預期值。截距項可以看作是迴歸線在縱軸（因變數軸）上的起點。

橫截面模型與因子暴露（Cross section model and factor exposure）：考慮以下方程：

$$R_{it}^{e} = \alpha_i + \beta_i^{'} f_t + \varepsilon_{it}$$

與時序檢驗不同的是，模型將因子收益率向量更換為因子變數的向量。比如研究 ROE 作為因子，在時序模型中解釋變數是 ROE 的因子構建的投資組合的收益率向量，而在此次就是 ROE 觀測值的向量。

通過與時序迴歸類似的方式，可以得到係數估計量 $\widehat{\beta_i^{'}}$ 的觀測值，從而將係數估計量作為新的解釋變數，設因數收益率為迴歸係數，解釋變數為超額收益的期望均值，建立新的橫截面方程：

$$E_T[R_i^e] = \widehat{\beta_i^{'}} \lambda + \alpha_i$$

再使用 Shanken（1992）[1] 的方法根據 λ 和 α_i 的標準誤進行估計係數的修正，得到因子暴露度的值。

Fama-MacBeth 迴歸檢驗（Fama-MacBeth regression test）：參考 Fama & MacBeth(1973)[2] 提出的兩階段截面迴歸方法之具體如下：

第一階段，作者以前四年 (1926 年 7 月至 1929 年 6 月) 的數據對 435 個股票進行了 435 次時長 48 個月的時序迴歸以估計其組股票的 β_i，估計算式如下：

1 Shanken, J. (1992). On the estimation of beta-pricing models. The review of financial studies, 5(1), 1-33.

2 Fama, E. F., & MacBeth, J. D. (1973). Risk, return, and equilibrium: Empirical tests. *Journal of political economy*, *81*(3), 607-636.

$$\tilde{R}_{it} = \alpha_i + \beta_i \tilde{R}_{mt} + \tilde{\epsilon}_{it},\ t = 1926.7$$

以其估計值 $\hat{\beta}_i$ 將個股分成 20 個投資組合，再用後五年 (1929 年 7 月至 1934 年 6 月) 的數據估計上式。對投資組合 p 中所有個股市場貝塔的估計值 $\hat{\beta}_i$ 和市場貝塔的估計值 $\hat{\beta}_i^2$ 取平均後得知其相應投資組合 p 的 $\hat{\beta}_{p,t_0}$ 和 $\hat{\beta}_{p,t_0}^2$，而其殘差標準差 $\bar{s}_{p,t_0}(\hat{\epsilon}_i)$，當中 $t_0 = 1934.6$。

在 1934 年 7 月至 1938 年 6 月，繼續每年重新估計上式，即每年更新個股 β_i。每月對投資組合的個股構成進行調整——去掉退市的股票，並重新計算投資組合 p 的 $\hat{\beta}_{p,t_0}$ 、$\hat{\beta}_{p,t_0}^2$ 和 $\bar{s}_{p,t_0}(\hat{\epsilon}_i)$，$t_0 =$ 對應計算年份中的各個月份。

第二階段，對於 1934 年 7 月至 1938 年 7 月期間的每個投資組合，以前一個月的市場因子估計均值 $\hat{\beta}_{p,t-1}$ 、平方 $\hat{\beta}_{p,t-1}^2$ 和殘差標準差均值 $\bar{s}_{p,t-1}$ 作為自變量，以本月收益率 $R_{p,t}$ 為因變量，去下式估計斜率 γ：

$$R_{pt} = \gamma_{0t} + \gamma_{1t}\hat{\beta}_{p,t-1} + \gamma_{2t}\hat{\beta}_{p,t-1}^2 + \gamma_{3t}\bar{s}_{p,t-1}(\hat{\epsilon}_i) + \eta_{pt},\ p = 1$$

當中 γ_{1t} 、γ_{2t} 及 γ_{3t} 是代表市場貝塔風險溢價、非線性的市場貝塔風險溢價及非貝塔風險溢價，以式檢驗以下假設：

(1) 線性性質：$E(\gamma_{2t}) = 0$

(2) 非 β 風險不是系統性風險：$E(\gamma_{3t}) = 0$

(3) 回報與風險權衡期望為正：$E(\gamma_{1t}) = E(R_{mt}) - E(R_{ft}) > 0$

上述假設的理論依據是為，若 CAPM 成立，那麼 β_p 就是關於投資組合 p 市場風險暴露的完整測度，則 β_p 和 R_{pt} 應該有嚴格的線性關係，且斜率為正，即 $E(\gamma_{1t}) > 0$，而其他變量對 R_{pt} 不應該有額外的解釋能力，即 γ_{3t} 代表的非市場貝塔風險溢價和 γ_{2t} 代表的非線性市場貝塔風險溢價期望應該為 0。

作者在時序迴歸和橫截面迴歸的基礎上對 CAPM 模型進行估計，步驟如下：

第一步以時間序列迴歸得到每個資產 i 估計 β_i：

$$R_t^{ei} = \alpha_i + \beta_i^{'} f_t + \varepsilon_t^i, \qquad t = 1,2, \ldots T$$

第二步以上一步得到的 $\widehat{\beta_i^{'}}$ 為自變量，在各個時期 t 分別做截面迴歸：

$$R_t^{ei} = \widehat{\beta_i^{'}} \lambda_t + \alpha_{it}, \qquad i = 1,2, \ldots N$$

最後對每一期估計結果 $\widehat{\lambda}_t$ 及 $\widehat{\alpha}_{it}$ 在時序上取平均得到 λ 和 α_i 的估計：

$$\widehat{\lambda} = \frac{1}{T} \sum_{t=1}^{T} \widehat{\lambda}_t$$

$$\widehat{\alpha}_i = \frac{1}{T} \sum_{t=1}^{T} \widehat{\alpha}_{it}$$

$\widehat{\lambda}$ 和 $\widehat{\alpha}_i$ 的標準誤可以由各時期截面迴歸 $\widehat{\lambda}_t$ ，$\widehat{\alpha}_{it}$ 的標準差：

$$\sigma^2(\widehat{\lambda}) = \frac{1}{T^2} \sum_{t=1}^{T} \left(\widehat{\lambda}_t - \widehat{\lambda}\right)^2$$

$$\sigma^2(\widehat{\alpha}_i) = \frac{1}{T^2} \sum_{t=1}^{T} (\widehat{\alpha}_{it} - \widehat{\alpha}_i)^2$$

DeGroot & Schervish (2012)[1] 表示即是每股價格佔每股盈利的百分比，常作為評估股票價格水準合理性的指標，也把企業的增長機會能力聯繫起來。

市盈率（Price-to-Earning Ratio, PE）：常作為評估股票價格水準合理性的指標，也把企業股價與其製造財富的能力聯繫起來。

市帳率（Price-to-Book Ratio, PB）：股權市場價值與股權帳面價值的商

1 DeGroot, M. H., & Schervish, M. J. (2012). *Probability and statistics, Fourth Edition*. (p.601)

（Standard & Poor's, 2005）[1]，即可寫成：

$$PB = \frac{\text{每股市場股價}}{\text{每股資產淨值}}$$

DeGroot & Schervish (2012)[2] 市帳率能被視為市場對公司估值的積極程度的指標。

因數正交化（Factor orthogonalization）：劉洋溢、石川與連祥斌 (2020)[3] 指出主要是討論因數相關性的問題，兩個因子正交時，代表該兩個因子各自從完全不同的兩個方向貢獻了超額收益。

根據劉洋溢、石川與連祥斌 (2020)[4]，設定迴歸模型：

$$y = bx + \varepsilon$$

該一元 OLS 迴歸的參數估計為：

$$\hat{b} = \frac{< x, y >}{< x, x >}$$

$< x, y >$表示為向量 x 和 y 的內積，即是：

$$< x, y >= \sum_{i=1}^{N} x_i, y_i$$

如果多元迴歸中的所有解釋變量兩兩正交，即：

$$< x_i, x_j > \ = 0, i \neq j$$

則向量 $\hat{b}$ 中的每一個係數估計值 $\widehat{b_i}$ 便等如：

$$\widehat{b_i} = \frac{< x_i, y >}{< x_i, x_i >}$$

---

1 Standard & Poor's (2005). *Global Stock Markets Factbook*. New York: McGraw-Hill.
2 DeGroot, M. H., & Schervish, M. J. (2012). *Probability and statistics, Fourth Edition*. (p.609)
3 劉洋溢、石川與連祥斌 (2020)。《因子投資：方法與實踐》。北京：電子工業出版社。ISBN：9787121394287。
4 劉洋溢、石川與連祥斌 (2020)。《因子投資：方法與實踐》。北京：電子工業出版社。ISBN：9787121394287。

基於$< x_i, x_j > = 0, i \neq j$是$X'X$是對角矩陣的條件下，在這種極端假設兩兩解釋變量完全正交的情況下，可以知道多元迴歸的係數估計方程則趨於一元迴歸的性質。

理論定價模型（APT model）：Ross (1973)[1 2] 發展了一个以無套利定價為基礎的多因素資產定價模型理論定價模型，參考馬孝先、孫魯鵬與張質彬 (2019)[3]，說明在一價定律的前提下，即兩種風險 - 收益性質相同的資產必須按同一價格出售，一旦一價定律被違反，套利者就會從事不承擔風險就能賺取利潤的行為。根據 Cochrane(2005)[4] 提出所有的資產定價模型都可以放進無套利定價公式中的前提下，資產期望收益率應該滿足以下關係：

$$E[R_i] = r_f + \sum_{k=1}^{K} \beta_{i,k}\lambda_k$$

$E[R_i]$是資產 i 的期望收益率；r_f 是無風險利率；$\beta_{i,k}$ 是資產 i 對因子 k 的敏感度 (因子荷載)；λ_k 是因子 k 的風險價格；K 是風險因子的數量。

隨機折現因子 (M_{t+1})（Stochastic Discount Factor，SDF；也叫定價核，Pricing kernel）：Hansen & Jagannathan(1997)[5] 講述隨機折現因子是指一個隨機變量可用於透過對未來日期的相應收益進行折現，來計算當前的市場價格。

錄於本書的其價格(P_t)和未來現金流(CF_{t+1})之間的關係可以通過隨機折現因子(M_{t+1})表達為：

1 Ross, S. A. (1973). *Return, risk and arbitrage*. Rodney L. White Center for Financial Research, The Wharton School, University of PennysIvania.

2 Ross, S. A. (2013). The arbitrage theory of capital asset pricing. In *Handbook of the fundamentals of financial decision making: Part I* (pp. 11-30).

3 馬孝先、孫魯鵬與張質彬 (2019)。《金融經濟學（第 2 版）》。北京：清華大學出版社。

4 Cochrane, J. H. (2005). *Asset Pricing (Revised Edition)*. Princeton, NJ: Princeton University Press.

5 Hansen, L. P., & Jagannathan, R. (1997). Assessing specification errors in stochastic discount factor models. *The Journal of Finance*, *52*(2), 557-590.

$$[P_t = E_t[M_{t+1} \cdot CF_{t+1}]]$$

$$\left[M_{t+1} = M_0 + \sum_{k=1}^{K} \lambda_k \beta_{k,t+1}\right]$$

從實證資產定價的因子模型，理論的 APT 模型將所有風險資產的定價通過定價核(M_{t+1})可以統一到一個資產定價的理論框架。

第六章 時間序列及波動率相關模

時間序列數據（Time series data）：Esling& Agon(2012)[1] 表示時間序列數據代表隨時間推移從連續測量中獲得的值的集合。

隨機過程（Stochastic process）：Pavliotis (2014)[2] 對隨機過程定義如下：

設 T 為有序集，$(\Omega, F, \boldsymbol{P})$ 為其概率空間及 (E, G) 為 - 可測量的空間。隨機過程是隨機變量 $X = \{X_t; t \in T\}$ 的合集，當中對於每個固定 $t \in T$，X_t 便是一個由 $(\Omega, F, \boldsymbol{P})$ 至 (E, G) 的隨機變量。Ω 是為樣本空間，而 E 是隨機過程 X_t 的狀態空間。

有序集 T 可以是離散的，例如正整數 Z_+ 的集合；也可以是連續的，$T = R_+$。狀態空間 E 通常是配備有博雷爾集的 σ 代數的 R^d。

隨機過程 X 可視為 $t \in T$ 和 $\omega \in \Omega$ 的函數。有時我們會寫成 $X(t)$、$X(t, \omega)$ 或 $X_t(\omega)$。對於固定樣本點 $\omega \in \Omega$，函數 $X_t(\omega) : T \mapsto \boldsymbol{E}$ 稱為過程 X 的一個實現軌跡。

自協方差函數 (Autocovariance function)

1 Esling, P., & Agon, C. (2012). Time-series data mining. *ACM Computing Surveys (CSUR)*, *45*(1), 1-34.

2 Pavliotis, G. A. (2014). Stochastic processes and applications. *Texts in applied mathematics*, *60*.

Park, K. & Park, M. (2018)[1] 定義為兩個隨機變量的協方差表示在兩個任意時間點 (t、s) 處的過程。錄於本書中的算式如下：

$$\gamma_{ts} = cov(y_t, y_s)$$

自相關函數（Auto-correlation function,ACF）

Park, K. & Park, M. (2018)[2] 定義為兩個不同時間點 (t、s) 的過程值的乘積的期望值。錄於本書中的算式如下：

$$\rho_{ts} = \frac{cov(y_t, y_s)}{\sqrt{var(y_t)var(y_s)}}$$

協方差平穩 (Covariance stationary)

書中提要即是一個隨機過程能滿足：隨機變量的期望值是一個常數，隨機變數的方差是有界的，兩個時點的自協方差只與時間間隔有關，與時點無關。

白噪聲過程 (White noise)

Hyndman & Athanasopoulos (2018)[3] 指出是一個對所有時間其自相關係數為零的隨機過程。

書中提要即是一個隨機過程能滿足：干擾項的期望值為零，方差為一個常數，兩個時點的干擾項的協方差等於零。

自迴歸模型（Autoregressive model, AR）：Hyndman & Athanasopoulos (2018)[4] 指出自迴歸是是基於目標變量歷史數據的組合對目標變數進行預

---

1 Park, K. I., & Park, M. (2018). *Fundamentals of probability and stochastic processes with applications to communications* (pp. 165-172). Cham, Switzerland: Springer International Publishing.

2 Park, K. I., & Park, M. (2018). *Fundamentals of probability and stochastic processes with applications to communications* (pp. 165-172). Cham, Switzerland: Springer International Publishing.

3 Hyndman, R. J., & Athanasopoulos, G. (2018). *Forecasting: principles and practice*.

4 Hyndman, R. J., & Athanasopoulos, G. (2018). *Forecasting: principles and practice*.

測。使用先前時間步長的觀測值作為迴歸方程的輸入，來預測下一個時間步長的值，並列出 p 階的自迴歸模型可以表示如下：

$$y_t = c + \varphi_1 y_{t-1} + \varphi_2 y_{t-2} + \cdots + \varphi_p y_{t-p} + \varepsilon_t$$

其中為白噪聲干擾項，被解釋變量為當期隨機變量，解釋變量為滯後期的隨機變量，相當於將預測變量替換為目標變量的歷史值的多元迴歸。

移動平均模型（Moving average model, MA）：Hyndman & Athanasopoulos (2018)[1] 説明了移動平均模型是使用歷史預測誤差來建立一個類似迴歸的模型去預測未來值，並列出以下數式表示：

$$y_t = \mu + \varepsilon_t + \theta_1 \varepsilon_{t-1} + \cdots + \theta_q \varepsilon_{t-q}$$

其中為白噪音干擾項，該模型稱為 q 階移動平均模型。被解釋變數為當期的隨機變數，解釋變數為滯後期的干擾項。

偏自相關函數 (Partial Autocorrelation Function, PACF)：偏自相關函數用來量度暫時調整所有其他較短滯後的項 $(y_t\text{-}1, y_t\text{-}2, \ldots, y_t\text{-}k\text{-}1)$ 之後，時間序列中以 k 個時間單位（y_t 和 y_t-k）觀測值之間的相關性，確定的問題稱為定階。根據本書中所列的數式表示如下：

$$\phi_{kk}\,, k = 1,2, \ldots$$

ϕ_{kk}，在 k 不同取值下，由下式中的 ϕ_{11}， ϕ_{22}， ...ϕ_{kk} 組成

$$y_t = \phi_{11} y_{t-1} + \mu_t$$
$$y_t = \phi_{21} y_{t-1} + \phi_{22} y_{t-2} + \mu_t$$
$$\ldots$$
$$y_t = \phi_{k1} y_{t-1} + \phi_{k2} y_{t-2} \ldots + \phi_{kk} y_{t-k} + \mu_t$$

對於 $AR(P)$ 過程，當 $k \leq p,\ \phi_{kk} \neq 0$；當 $k > p\ ,\phi_{kk} = 0$. 則通過自相關圖觀察在 P 以後有截尾特徵。

赤池信息量準則（Akaike's Information Criterion, AIC）：

1 Hyndman, R. J., & Athanasopoulos, G. (2018). *Forecasting: principles and practice*.

Akaike(1973,1974)[1][2] 使用赤池信息準則進行模型選擇的基本思想是由用最大似然方法去確定模型的預期對數 (log) 似然最大化，並提出公式如下：

$$AIC = (-2)\log(\textit{似然函數值}) + 2K$$

K 是漸近偏差校正項。

Kuha(2004)[3] 形容赤池信息準則的目的是使用未來數據的預期預測作為模型充分性的關鍵標準。

當模型為高斯自迴歸 $AR(p)$，即 $\{\epsilon_t\}$ 是獨立同 $N(0,\sigma^2)$ 序列時的 $AR(p)$ 模型時，本書中列出公式如下：

$$AIC(k) = ln\tilde{\sigma}^2 + \frac{2k}{T}$$

其中 k 是模型的階；$\tilde{\sigma}^2$ 是 k 階下 $\boldsymbol{\varepsilon_t}$ 的方差最大似然估計；$ln\tilde{\sigma}^2$ 表示了模型對數據的擬合優劣，此值越大擬合越差；$\frac{2k}{T}$是對模型複雜程度的懲罰，此值越大，模型越複雜，穩定性越差，對未來的情況的適應性也越差。在某個範圍內取 k 使得 $AIC(k)$ 最小，就達成了擬合優度與模型簡單程度的折衷。

即表示過去的輸入項 ε_{t-j} 的一個單位的變化對 j 期後的 y_t 影響。

自迴歸移動平均模型（Auto-regressive and moving average model, ARMA）：Box et al.(2015)[4] 說明為了在擬合實際時間序列時獲得更大的靈活性，方才將自迴歸模型 (AR 模型) 和移動平均模型 (MA 模型) 的基礎結合而成的 ARMA（p,q）模型。本書中所列公式如下：

---

1 Akaike, H. (1973). Maximum likelihood identification of Gaussian autoregressive moving average models. *Biometrika*, *60*(2), 255-265.

2 Akaike, H. (1974). A new look at the statistical model identification. *IEEE transactions on automatic control*, *19*(6), 716-723.

3 Kuha, J. (2004). AIC and BIC: Comparisons of assumptions and performance. *Sociological methods & research*, *33*(2), 188-229.

4 Box, G. E., Jenkins, G. M., Reinsel, G. C., & Ljung, G. M. (2015). *Time series analysis: forecasting and control*.(pp.10,53) John Wiley & Sons.

$$y_t = c + \varphi_1 y_{t-1} + \varphi_2 y_{t-2} + \dots + \varphi_p y_{t-p} + \varepsilon_t + y_t$$
$$= \mu + \varepsilon_t + \theta_1 \varepsilon_{t-1} + \dots + \theta_q \varepsilon_{t-q}$$

y_t 為 t 時刻的序列值；c 為常數向量；$\varphi_1, \varphi_2, \dots, \varphi_p$ 為 AR 模型的參數；$\theta_1, \theta_2, \dots, \theta_q$ 為 MA 模型的參數；ε_t 為 t 時刻的白噪聲干擾項。

向量自迴歸模型（Vector autoregression model, VAR）：Sim(1980)[1] 提出了向量自迴歸模型，是一個 n 方程式及 n 變數的線性模型，在每個方程中的內生變量對模型所有內生變量的滯後值進行迴歸，去評估全部內生變量的動態變化。

根據本書內容，解釋變數為這兩個變數的 p 階滯後值，則構成二元的向量自迴歸系統。

$$y_{1t} = \beta_{10} + \beta_{11} y_{1,t-1} + \dots \beta_{1p} y_{1,t-1} + \lambda_{11} y_{2,t-1} + \dots \lambda_{1p} y_{2,t-p} ++ \varepsilon_{1t}$$

$$y_{2t} = \beta_{20} + \beta_{21} y_{1,t-1} + \dots \beta_{2p} y\gamma_{1,t-1} + \lambda_{21} y_{2,t-1} + \dots \lambda_{2p} y_{2,t-p} ++ \varepsilon_{1t}$$

記 $y_t = \begin{matrix} y_{1t} \\ y_{2t} \end{matrix}$ 為向量形式，則可以寫作：

$$y_t = \begin{matrix} \beta_{10} \\ \beta_{20} \end{matrix} + \begin{bmatrix} \beta_{11} & \gamma_{11} \\ \beta_{21} & \lambda_{21} \end{bmatrix} y_{t-1} + \dots + \begin{bmatrix} \beta_{1p} & \gamma_{1p} \\ \beta_{2p} & \lambda_{2p} \end{bmatrix} y_{t-p} + \varepsilon_{1t}$$

<u>脈衝函數 (Impulse response function, IRF)</u> 衡量 VAR 模型系統中的衝擊變量的衝擊項對另一個變量的影響，本書列出數式如下：

$$\psi_i = \frac{\partial y_t}{\partial \varepsilon_{t-j}}$$

即表示過去的輸入項 ε_{t-j} 的一個單位的變化對 j 期後的 y_t 影響。

自迴歸異方差模型（Autoregressive Conditional Heteroskedasticity，

1 Sims, C. A. (1980). Macroeconomics and reality. *Econometrica: journal of the Econometric Society*, 1-48.

ARCH）：Engle(1982)[1] 提出了 ARCH 模型，是以波動率為條件標準差的模型。參考陳強 (2014)[2] 的推導如下：

考慮一階的自迴歸模型：

$$y_t = \beta_0 + \beta_1 y_{t-1} + \varepsilon_t$$

記擾動項 ε_t 的條件方差：

$$\sigma_t^2 = Var(\varepsilon_t | \varepsilon_{t-1}, \ldots)$$

其中 σ_t^2 中的下標 t 表示條件方差可以隨時間而變。

受到波動性聚集現象的啟發，假設 σ_t^2 取決於上一期擾動項的平方：

$$\sigma_t^2 = \alpha_0 + \alpha_1 \varepsilon_{t-1}^2$$

便是 ARCH(1) 擾動項。更一般性的，假設：

$$\sigma_t^2 = \alpha_0 + \alpha_1 \varepsilon_{t-1}^2 + \ldots + \alpha_p \varepsilon_{t-p}^2$$

便是 ARCH(p) 擾動項。

假設 ε_t 的生成過程：

$$\varepsilon_t = v_t \sqrt{\alpha_0 + \alpha_1 \varepsilon_{t-1}^2}$$

其中 v_t 為白噪聲干擾項，並將其方差標準化為 1，即：

$$Var(v_t) = E(v_t^2) = 1$$

假設 v_t 、 ε_{t-1} 相互獨立，且序列 ε_t 為平穩過程，$\alpha_0 > 0,\ 0 < \alpha_1 < 1.$ 可以證明 ARCH(1) 的運算式就是：

$$\alpha_0 + \alpha_1 \varepsilon_{t-1}^2$$

1 Engle, R. F. (1982). Autoregressive conditional heteroscedasticity with estimates of the variance of United Kingdom inflation. *Econometrica: Journal of the econometric society*, 987-1007.

2 陳強 (2014)。《高級計量經濟學及 Stata 應用》。北京：高等教育出版社。

α_1越大則表示上一期擾動項之平方對當期條件方差的衝擊越大。

對於 ARCH(1) 模型，如果$\alpha_0 < 0$，或$\alpha_1 < 0$，則可能出現條件方差小於零的情況。而$\alpha_1 < 1$是為了滿足序列$\{\varepsilon_t\}$為平穩過程，如果$\alpha_1 > 1$，則$Var(\varepsilon_t)$將隨着時間而增大，不再是平穩過程。很顯然序列$\{\varepsilon_t\}$並非獨立同分佈的，所以需要跳出線性估計的範圍，則可以找到更優的非線性的估計，也就是通常所說的最大似然估計。

第七章 深度學習與實證資產定價

閾值邏輯（Threshold logic）：Pitts & Mculloch（1943）定義閾值邏輯是基於人類大腦的神經網絡創建了一個計算模型，將演算法和數學結合起來類比人類思維過程。

反向傳播模型（Back propagation,BP）：Dreyfus（1962）[1] 構建了一個基於鏈式法則的簡單版本的反向傳播模型。Werbos（1990）[2] 表示遵循鏈式法則，反向傳播模型會沿着從輸出層到輸入層的順序，依次計算並存儲目標函數有關神經網絡各層的中間變數以及參數的梯度。用來訓練人工神經網絡的常見方法，對網絡中所有權重計算損失函數的梯度，而該梯度會回饋給最優化方法，用來更新權值以最小化損失函數。

卷積神經網絡（Convolutional neural network, CNN）：參考 Albawi et al（2017）[3]，CNN 是一種多層的監督學習神經網絡，主要由數據登錄層、卷積層、激勵層、池化層和全連接層組成。其工作程式如下，輸入層是整個神經網絡的輸入，在處理圖像的卷積神經網絡中，輸入層一般為圖像的圖

1 Dreyfus, S. E. (1990). Artificial neural networks, back propagation, and the Kelley-Bryson gradient procedure. *Journal of guidance, control, and dynamics, 13*(5), 926-928.

2 Werbos, P. J. (1990). Backpropagation through time: what it does and how to do it. *Proceedings of the IEEE, 78*(10), 1550-1560.

3 Albawi, S., Mohammed, T. A., & Al-Zawi, S. (2017). Understanding of a convolutional neural network. In 2017 international conference on engineering and technology (ICET) (pp. 1-6). Ieee.

元矩陣；卷積層會對輸入的圖像圖元矩陣進行卷積，卷積層包含 CNN 的重要卷積結構，該層中的每個神經元與上一層的局部輸出相連，對其進行更深入的分析從而提取到抽象程度更高的特徵；卷積得到的結構加上偏置後，通過 ReLU 激勵層得到特徵映射圖；池化層中會對所得來的特徵映射圖進行池化，再次下採樣降低數據量及避免過擬合；經過卷積層和池化層處理過的數據登錄到全連接層，將各層的神經元相連。

ImageNet：創始人李飛飛教授創建了 ImageNet[1]，是一個建立以 WordNet 層次結構的大規模圖像數據庫。WordNet 中的每個有意義的概念（可能由多個單詞或單詞短語描述）稱為同義詞集（synset）或同義詞集（Object category）。根據 ImageNet 官方網站（2020），現時已經有 14,197,122 張圖片，並有 21,841 個同義詞集已編入索引已人工標注的圖像數據庫。ImageNet 的目標是提供平均 1,000 張圖像來說明每個同義詞集。每個概念的圖像都經過品質控制和人工注釋後，便能夠為 WordNet 層次結構中的大多數概念提供數千萬張清晰標記和排序的圖像。

圖形處理器（Graphics Processing Unit, GPU）：是一種專為執行與計算圖形和視頻處理相關的計算操作的處理器。根據 Brodtkorb et al.（2013）[2]，GPU 優勝於 CPU 在於比較理論峰值頻寬和千兆浮點性能時，兩者之間存在大約七倍的性能差距。GPU 的記憶體頻寬造更適合深度學習中佔用大塊連續記憶體空間的數據記憶體空間，並且執行緒並行帶來的延遲幾乎不會造成影響。

Tensor flow：Abadi et al.（2016）[3] 是一個由穀歌大腦（Google Brain）開

1 Li, F. F., Dong, W., Socher, R., Li, L. J., Li, K., & Deng, J. (2009, June). Imagenet: A large-scale hierarchical image database. In 2009 IEEE conference on computer vision and pattern recognition (pp. 248-255). Ieee.

2 Brodtkorb, A. R., Hagen, T. R., & Sætra, M. L. (2013). Graphics processing unit (GPU)programming strategies and trends in GPU computing. *Journal of Parallel and Distributed Computing, 73*(1), 4-13.

3 Abadi, M., Barham, P., Chen, J., Chen, Z., Davis, A., Dean, J., ... & Zheng, X. (2016). {TensorFlow}: a system for {Large-Scale} machine learning. In 12th USENIX symposium on operating systems design and implementation (OSDI 16)(pp. 265-283).

發的在大規模、異構環境中運行的機器學習系統。它支援各種應用程式，重點是深度神經網絡的訓練和推理，解決各種如基於計算的不同類比、感知和語言理解等的機器學習任務，多項 Google 服務在生產中也使用 Tensor Flow。

Pytorch：Paszke et al.（2019）[1] 描述為一個與 Python 相容的深度學習程式庫，提供了一個高效能環境，可以輕鬆自動區分在不同裝置（CPU 和 GPU）上執行的模型。

注意力機制（Attention mechanism）：Vaswani et al.（2017）[2] 於《Attention is all you need》的論文中提出了深度學習的注意力機制。

Radford & Narasimhan(2018)[3] 為 OpenAI 推出的一個大型生成式預訓練語言模型引入了一個框架，通過以下的二段式訓練，建構了 GPT-1 的框架：

首先是利用語言模型進行無監督預訓練，根據 Radford & Narasimhan (2018)[4] 論述，給定一個無監督標記語料庫 $U = u_1, \ldots, u_n$，使用標準語言建模目標最大化以下可能性：

$$L_1(U) = \sum \log P(u_i | u_{i-k}, \ldots, u_{i-1}; \Theta)$$

當中 k 是上下文視窗的大小，條件機率 P 使用參數 Θ 的神經網絡進行建模及以隨機梯度下降對這些參數進行訓練，再使建基於多層 Transformer 解碼器對輸入上下文標記套用多頭自注意力操作，然後是位置前饋層，以在目標標記上產生輸出分佈：

---

1 Paszke, A., Gross, S., Massa, F., Lerer, A., Bradbury, J., Chanan, G., ... & Chintala, S. (2019). Pytorch: An imperative style, high-performance deep learning library. Advances in neural information processing systems, 32.

2 Vaswani, A., Shazeer, N., Parmar, N., Uszkoreit, J., Jones, L., Gomez, A. N., ... & Polosukhin, I. (2017). Attention is all you need. Advances in neural information processing systems, 30.

3 Radford, A., & Narasimhan, K. (2018). Improving Language Understanding by Generative Pre-Training.

4 Radford, A., & Narasimhan, K. (2018). Improving Language Understanding by Generative Pre-Training.

$$h_0 = UW_e + W_p$$

$$h_l = transformer\_block(h_{l-1})\forall i \in [1, n]$$

$$P(u) = softmax(h_n W_e^T)$$

記 $U = (u_{-k}, ..., u_{-1})$ 是被標記的上下文向量；n 是層數；W_e 是標記嵌入矩陣，W_p 是位置嵌入矩陣。

第二階段通過監督微調模式解決任務，Radford & Narasimhan(2018)[1] 展示了以下推算：

假設一個標記的數據集 C，裏面每個實例都由一系列輸入標記 x^1、...、x^m 和一個標記 y 組成。輸入通過步驟一的預訓練模型傳遞，以獲得最終變壓器模組的啟動 h_l^m，然後將其送到一個附加線性輸出層，參數為 W_y 以預測 y：

$$P(y|x^1, ..., x^m) = softmax(h_l^m W_y)$$

便提供了最大化目標：

$$L_2(C) = \sum_{x,y} logP(y|x^1, ..., x^m)$$

Narasimhan(2018)[2] 發現了將語言建模作為微調的輔助目標有助提高監督模型的泛化能力、加速收斂和其輔助目標的性能有所提高，並具體説明優化了以下目標（權重 λ）：

$$L_3(C) = L_2(C) + \lambda * L_1(C)$$

1 Radford, A., & Narasimhan, K. (2018). Improving Language Understanding by Generative Pre-Training.

2 Radford, A., & Narasimhan, K. (2018). Improving Language Understanding by Generative Pre-Training.

神經網絡（Neural network）：

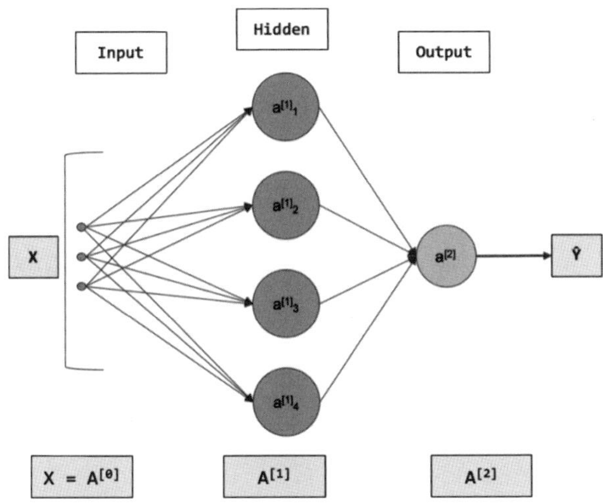

A neural network is an interconnected assembly of simple processing elements, units or nodes, whose functionality is loosely based on the animal neuron. The processing ability of the network is stored in the interunit connection strengths, or weights, obtained by a process of adaptation to, or learning from, a set of training patterns (Gurney, 2018)[1]。S.Nagel 對神經網絡原理的表述方式。假設我們有 J 個解釋變數，和一個被解釋變數 y_i。在神經網絡中，解釋變數被稱為輸入信號（inputs），而被解釋變數是輸出信號（outputs）。輸入和輸出信號之間通過一個包含 H 個神經元（node）的隱含層連接。我們可以將它視為內在隱變數隱藏在數據內部，即表示其隱含規律的變數。在 $y_i = f(x_i) + \varepsilon_i$ 的形式下，假設有一個隱藏層（hidden layer）的情況下，神經網絡可以表示為：

$$f(x_i) = a_2 + w_2' g(a_1 + W_1 x_i)$$

其中 $a_1 + W_1 x_i$ 表示隱變數向量。另外，激活函數（activation function）為 g 會依次作用於每個隱變數。

1 Gurney, K. (2018). *An introduction to neural networks*. CRC press.

激活函數（Activation Function）：Kılıçarslan et al.（2021）[1] 描述神經網絡中的輸入層與輸出層的節點之間具有一個函數關係，稱為激勵函數，用於決定是否將信息傳輸到下一個神經元，也讓神經網絡的模型能迫近非線性函數及揭示現實世界問題的隱藏特徵，令其模型能表現更好。以下是本書中所提到的有關激勵函數概要：

Sigmoid 函數是為 S 型曲線函數，其輸出值限定於 0 至 1，將數據歸一化，利於用在迴歸預測及二分類，函數運算式如下：

$$f(x) = \frac{1}{(1 + e^{-x})}$$

修正線性單元（Rectified Linear Unit, ReLU）是 Nair & Hinton（2010）[2] 為了限制玻爾茲曼機而提出的 ReLu 分段線性啟動函數，函數運算式如下：

$$g(z) = \max(0, z)$$

對於 z 中的每個元素，如果其為正數，則 ReLU 直接輸出該元素，否則就輸出零。多個啟動函數的輸出按照權重 w_2 加權後，移出 a_2，在輸出層中產生輸出信號 $f(x_i)$。若值為正數，則輸出該值大小，若值為負數，則輸出為 0。

信噪比（Signal-to-noise ratio, S/N）：在資產定價領域，在資產定價領域，Brody (2010)[3] 表示信息由以下兩部分組成：

(1) 信號：是指依賴投資實際回報的信息組成部分；

(2) 噪音：是指在統計上獨立於該投資的實際回報的信息成分。

---

1 Kılıçarslan, S., Adem, K., & Çelik, M. (2021). An overview of the activation functions used in deep learning algorithms. *Journal of New Results in Science, 10*(3), 75-88.

2 Nair, V., & Hinton, G. E. (2010). Rectified linear units improve restricted boltzmann machines. In Proceedings of the 27th international conference on machine learning (ICML-10)(pp. 807-814).

3 Brody, D. C., Brody, J., Meister, B. K., & Parry, M. F. (2010). Outsider trading. *arXiv preprint arXiv:1003.0764*.

作者更展述這兩個組成部分都對價格動態產生直接影響，但最終決定回報的實現價值的是信號。考慮到這些吵雜的訊息，市場參與者會盡力估計訊號，而信號向市場透露的速率就正正決定了信噪比。

熵（Entropy）：Shannon（1948）[1] 從機率角度來推論熱力學與訊息信息量的熵於數學運算式的一致性，便奠定了熵在信息理論的發展。

熵表示隨機變數不確定性的度量。
設 X 是一個具有 X 及概率分佈函數 $p(x) = \Pr\{X = x\}, x \in X$ 的離散隨機變數，為方便展述，會以 $p(x)$ 而不是 $pX\ (x)$ 表示概率分佈函數，因此，$p(x)$ 和 $p(y)$ 指的是兩個不同的隨機變數
實際上是不同的概率分佈函數 $pX\ (x)$ 和 $pY\ (y)$，其離散隨機變數 X 的熵 $H(X)$ 便如下：

$$H(X) = -\sum_{x \in X} p(x) \log p(x)$$

<u>條件熵（Conditional entropy）</u>是 Thomas（1991）[2] 提出了在另一個隨機變數的條件熵定義為條件分佈的熵的期望值，對條件隨機變數進行平均。如果 $(X,Y) \sim p(x,y)$，H（Y ｜ X）條件熵的定義便如下：

$$H(Y|X) = \sum_{x \in X} p(x) H(Y|X = x) = -\sum_{x \in X} p(x) \sum_{y \in Y} p(y|x)\, logp(y|x)$$

$$= -\sum_{x \in X} \sum_{y \in Y} p(x,y)\, logp(y|x) = -\sum_{x \in X} \sum_{y \in Y} p(x,y)\, logp(y|x)$$

<u>互信息（mutual information）</u>計算某個因數（特徵）和股票收益率之間的信息增益（Information Gain, IC），數學上可定義為兩個隨機變數之間的相對熵，用以評價兩個隨機變數之間依賴程度的度量。給定兩個隨機變數 X 和 Y，它們的互信息 $I(X; Y)$ 定義為：

1 Shannon, C. E. (1948). A mathematical theory of communication. *The Bell system technical journal, 27*(3), 379-423.

2 Thomas, M., Joy, A. (1991). *Elements of Information Theory*. Wiley, 4, 10.

$$[I(X;Y)=\sum_{y\in Y}\sum_{x\in X}p(x,y)\log\left(\frac{p(x,y)}{p(x)p(y)}\right)]$$

當中 $p(x,y)$ 是 X 和 Y 的聯合概率分佈；$p(x)$ 和 $p(y)$ 分別是 X 和 Y 的邊緣概率分佈；log 是對數函數，通常使用自然對數。

從熵的角度來理解，它表示了知道一個變數後另一個變數不確定性減少的量。即互信息可以表示為：

$$[I(X;Y)=H(X)-H(X|Y)=H(Y)-H(Y|X)]$$

$H(X)$ 是 X 的熵，表示 X 的不確定性；$H(X|Y)$ 是給定 Y 後 X 的條件熵，表示在已知 Y 的情況下，X 的不確定性；同理，$H(Y)$ 和 $H(Y|X)$ 分別表示 Y 的熵和給定 X 後 Y 的條件熵。

嶺迴歸（Ridge regression）：Hoerl & Kennard（1970）[1] 構建的嶺迴歸方式，其優化的目標是在最小化與 OLS 相同的誤差平方和損失函數的基礎上，補充了 L^2 範數懲罰項 $g'g$，為：

$$\min_g\left[\frac{1}{N}(y-Xg)'(y-Xg)+\gamma g'g\right]$$

對以上最小化求解可知為：

$$\hat{g}=(X'X+\gamma I_k)^{-1}X'y$$

拉索迴歸（Lasso regression）：根據 Tibshirani（1996）[2] 定義的拉索迴歸，是設置 L^1 範數罰項 $\|g\|_1=\sum_{j=1}^{K}|g_i|$ 進行懲罰。響應的拉索迴歸的目標函數為：

$$\min_g\left[\frac{1}{N}(y-Xg)'(y-Xg)+\gamma\sum_{j=1}^{K}|g_i|\right]$$

1 Hoerl, A. E., & Kennard, R. W. (1970). Ridge Regression: Biased Estimation for Nonorthogonal Problems. *Technometrics, 12*(1), 55-67. https://doi.org/10.1080/00401706.1970.10488634

2 Tibshirani, R. (1996). Regression Shrinkage and Selection Via the Lasso. *Journal of the Royal Statistical Society: Series B (Methodological), 58*(1), 267-288. doi: 10.1111/j.2517-6161.1996.tb02080.x

彈性網演算法（Elastic Net Regression Algorithm）：Zou & Hastie（2005）[1] 提出彈性網演算法能應用於迴歸問題及模型決策問題，結合了嶺迴歸和拉索迴歸的兩個懲罰項，將部分迴歸係數設為零，對迴歸係數採取一些類似嶺迴歸的收縮，具體為下：

$$\min_{g}\left[\frac{1}{N}(y-Xg)'(y-Xg)+\gamma g'g+\gamma\sum_{j=1}^{K}|g_i|\right]$$

梯度下降（Gradient descent，GD）：Ruder (2016)[2] 說明梯度下降是沿着目標函數 $\nabla\theta\, J(\theta)\ w.r.t.$ 梯度的相反方向更新參數，最小化以模型參數 $\theta \in R^d$ 參數化的目標函數 $J(\theta)$ 的方法，學習率 決定了達至（局部）最小值所採取的步驟數量。

自解碼（Autocoder）：在深度學習領域中，Das et al.(2020)[3] 指出自動編碼器是一種深度神經網絡，用於在沒有監督的情況下學習數據，其架構由編碼器層 (encoder layer) 組成，這些編碼器層透過學習如何忽略雜訊來執行數據壓縮或降維，再者由解碼層學習將數據盡可能解碼回其原始格式。

1 Zou, H., & Hastie, T. (2005). Regularization and variable selection via the elastic net. *Journal of the Royal Statistical Society Series B: Statistical Methodology, 67*(2), 301-320.

2 Ruder, S. (2016). An overview of gradient descent optimization algorithms. *arXiv preprint arXiv:1609.04747*.

3 Das, H., Pradhan, C., & Dey, N. (Eds.). (2020). *Deep Learning for Data Analytics: Foundations, Biomedical Applications, and Challenges.*

香港珠海學院
新動力・新金融

數據分析與金融建模

劉曉全、孔笑微、張俊喜 ㊘

責任編輯　Joy Ma
裝幀設計　Sands Design Workshop
排　　版　陳先英
印　　務　劉漢舉

出　　版　中華書局（香港）有限公司
香港北角英皇道 499 號北角工業大廈 1 樓 B
電話：(852) 2137 2338　傳真：(852) 2713 8202
電子郵件：info@chunghwabook.com.hk
網址：http://www.chunghwabook.com.hk

香港管理學院出版社
香港中環域多利皇后街 9 號中商大廈 6 樓
電話：(852) 2334 8282
電子郵件：info@hkaom.edu.hk
網址：https://www.hkaom.edu.hk

發　　行　香港聯合書刊物流有限公司
香港新界荃灣德士古道 220-248 號
荃灣工業中心 16 樓
電話：(852) 2150 2100　傳真：(852) 2407 3062
電子郵件：info@suplogistics.com.hk

印　　刷　美雅印刷製本有限公司
香港觀塘榮業街 6 號海濱工業大廈 4 樓 A 室

版　　次　2024 年 10 月初版

規　　格　16 開（230mm x 170mm）

ISBN　978-988-8862-70-2